U0304885

中庭防火技术及应用

ZHONGTING FANGHUO JISHU JI YINGYONG

倪照鹏　余红霞　黄鑫　著

中国计划出版社

·北　京·

图书在版编目（CIP）数据

中庭防火技术及应用 / 倪照鹏，余红霞，黄鑫著.
北京 : 中国计划出版社，2024. 11. -- ISBN 978-7-5182-1742-7

Ⅰ. TU892

中国国家版本馆CIP数据核字第202418YN55号

策划编辑：高　明（18518478336@163.com）

责任编辑：高　明　　　　封面设计：韩可斌

中国计划出版社出版发行

网址：www. jhpress. com

地址：北京市西城区木樨地北里甲 11 号国宏大厦 C 座 4 层

邮政编码：100038　电话：（010）63906433（发行部）

北京汇瑞嘉合文化发展有限公司印刷

850mm × 1168mm　1/32　8.75 印张　190 千字

2024 年 11 月第 1 版　2024 年 11 月第 1 次印刷

定价：68.00 元

前　言

中庭作为一个室内共享空间，常见于现代商店建筑、旅馆建筑和办公建筑等公共建筑，对于改善建筑的室内环境，满足人们的社交活动等建筑功能需要，发挥了重要的作用。中庭作为建筑内部的开放空间，贯通多个建筑楼层，无论中庭内部是否存在可燃物，都有可能因中庭或建筑中与中庭连通的区域发生火灾导致火灾和烟气蔓延扩大。如何既可以有效地防止火灾和烟气经过中庭跨越楼层蔓延，又能更好地满足建筑功能和室内空间设计的需要，一直是建筑防火技术研究的重要课题之一。

本书是作者多年来有关中庭防火研究成果和工程实践的总结，详细介绍了中庭的主要形式、中庭火灾的危险性、国内外标准有关中庭防火的要求，深入分析了火灾和烟气在中庭内的蔓延方式，介绍了各类中庭防止火灾和烟气蔓延的方法和技术，提出了基于烟气沉降模型的烟气控制方法。本书可供高等院校消防工程专业的师生，建筑消防设计及审查、消防技术服务防火监督等人员阅读参考。

本书由倪照鹏教授主编和审定，参加编写的有中国民航大学教授黄鑫博士，天津泰达消防科技有限公司总工程师余红霞博士。

本书在编写过程中，得到斯美特（深圳）安全技术顾问有限公司谢瑞云先生、中国计划出版社高明老师的大力支持，在此深表谢意。

由于作者水平有限，书中错误和不当处，敬请广大读者及时指正，以便修订完善。有关意见和建议，请发送至nizhaopeng@sina.com。

著　者

2024年9月

目　录

第1章 绪　　论

中庭作为建筑物内部的入口空间、中心庭院和有顶盖的半公共空间，其雏形可以追溯到古罗马时代传统民居的天井、教堂中的庭院。传统的庭院在与自然环境和谐共存的过程中，逐步起到了调节局部环境、提高空间舒适性的作用（图 1–1

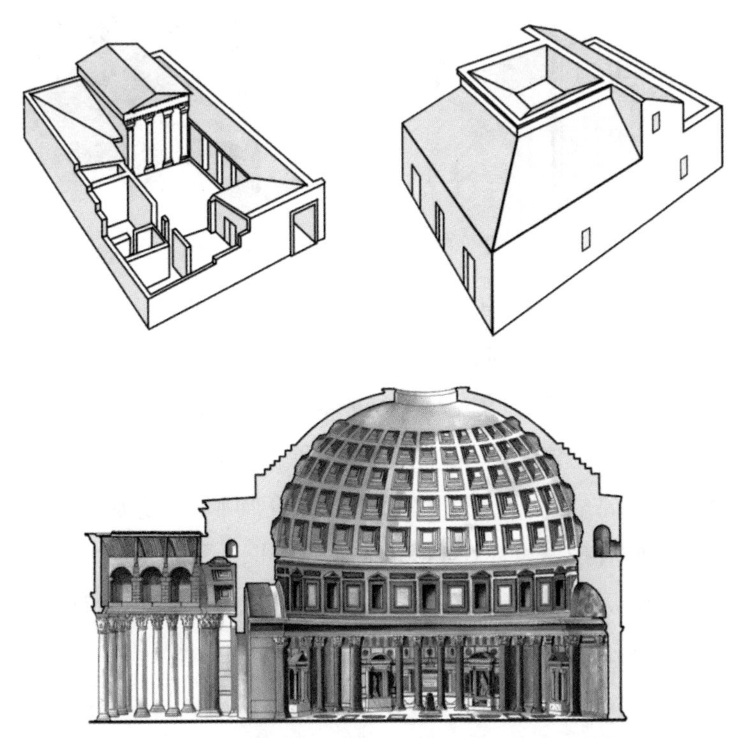

图 1–1　古希腊庭院式住宅、古罗马中庭式住宅、古罗马万神庙

和图 1–2）。中庭的作用最早主要为了充分利用阳光形成温室和天然采光，以节约建筑运行成本，后来逐渐发展成为建筑内的社交中心和交互的公共活动空间。中庭与庭院的主要区别在于前者为室内空间，后者为室外空间。

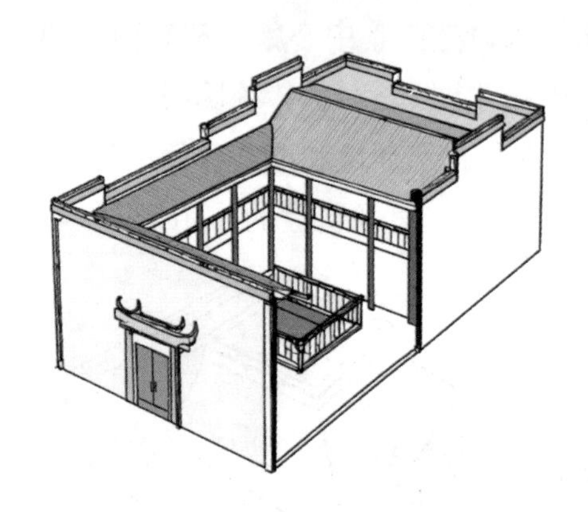

图 1–2　中国传统民居中的天井

现代的中庭设计得益于铁等金属材料和玻璃在建筑中的应用。铁等金属材料和玻璃技术的发展使得人们可以在露天庭院上增加一个玻璃屋盖，不仅能满足该空间采光、通风的需要，而且能在各种气候环境条件下保证人们的正常活动。在 19 世纪，建筑师们不断通过使用玻璃和钢结构来创造独特的使用空间，逐渐形成了现代意义的中庭建筑。尽管 20 世纪 60 年代中期，科林·圣约翰·威尔逊（Colin St. John Wilson）、约翰·安德鲁斯（John Andrews）、凯文·罗歇（Kevin Roche）、约翰·丁克鲁（John Dinkeloo）、詹姆斯·斯特林（James Stirling）等建筑师在建筑中都采用了类似带有玻璃顶等庭院形式的空间，但直到1967年约翰·波特曼（John Portman）在美国佐治亚州亚特兰大市的海特摄政旅馆（Hyatt Regency Hotel）中将这样的空间进行再创造后才形成了现代建筑的主要元素之一，并被首次命名为——中庭（图1–3）。此后，在建筑中设置中庭逐渐形成一种建筑时尚，并随着建筑技术、建筑材料和施工工艺等的发展而不断变化改进，演变成为现代建筑中多种多样的中庭。

图1–3 海特摄政旅馆中庭

关于中庭的定义，《牛津大辞典》给出的解释是“罗马时代宅第的中心庭院，或者位于早期教堂入口前由柱廊围合而成的前厅”；英国皇家地理学会则定义为“在建筑之内或之间的有顶庭院，通常有几层高，以用作到达与流通的集中点”。根据美国消防协会标准NFPA 101—2024 *Life Safety Code* 第3.3.29条和NFPA 92—2024 *Standard for Smoke Control Systems* 第3.3.1条的定义，中庭是一个通过一个或多个楼层开口贯穿两层及以上楼层，并具有顶盖的大容积空间，具有除封闭楼梯间、电梯井、自动扶梯开口或卫生、电气、空调、通信设备等公用竖井以外的其他用途。根据我国国家标准《民用建筑设计术语标准》GB/T 50504—2009第2.5.23条的定义，中庭是建筑中贯通多层的室内大厅。综上，中庭是一个贯通建筑中多个楼层的室内公共空间，并且该空间具有与其高度和功能相适应的宽度和横截面面积。中庭与庭院、天井和有顶棚的步行街有明显区别。庭院和天井是四面有外墙围合但无屋顶的露天场所，属于室外空间；有顶棚的步行街是在街道的上部设置防风雨顶棚，两端开口，棚顶的两个侧面通常不封闭，不属于街道两侧任何一座建筑的一部分，是一个独立的类似半室外空间。

通常，中庭的横截面应有最小尺寸要求。根据美国消防协会标准 NFPA 101—1980 *Code for Safety to Life from Fire in Buildings and Structures* 的规定，中庭的最小宽度不应小于 20ft（约为 6.1m），最小开口面积不应小于 1 000ft^2（约为 93m^2）。因此，建筑中平面尺寸小的开口，只能算是楼层中的上下连通口，而不能称为具有一定空间的中庭。现代中庭是建筑内贯通多个楼层，具有四面围合和顶棚的共享空间，是一种与外部空间既隔离又融合的建筑空间。中庭不仅能够比较经济地改善室内环境，为建筑的内部空间带来统一而连贯的视觉体验，还能通过布置生态绿化和组织商务活动，进一步丰富室内空间的层次和功能。但在建筑防火方面，中庭会使建筑在竖向难以形成完整的防火分隔，一旦在中庭或中庭周围的连通区域内发生火灾，容易因火势和烟气通过中庭在竖向快速蔓延而造成更严重的火灾后果。因此，设置中庭的建筑需要仔细考虑中庭本身及其周围连通区域发生火灾时防止火势和烟气蔓延的方法、措施及其技术要求。

1.1 中庭的主要形式

中庭的分类方式较多，有的根据中庭的围合情况划分，有的根据中庭的建筑空间形态划分。本书采用《中庭建筑——开发与设计》[①] 中对中庭的分类方法，将中庭分为一面围合的中庭、两面围合的中庭、三面围合的中庭和四面围合的中庭[②]。不同形式的中庭的典型平面见图 1-4。

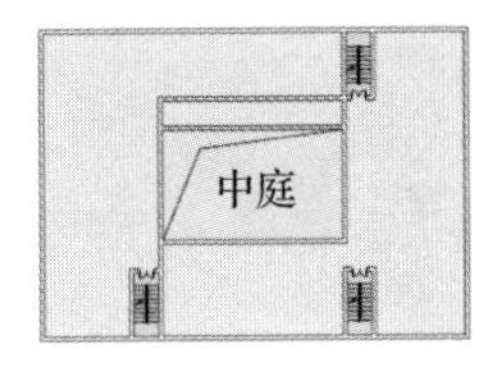

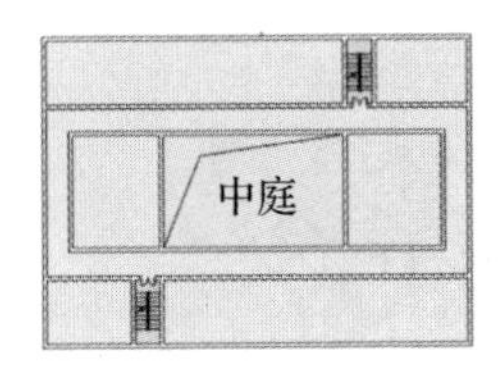

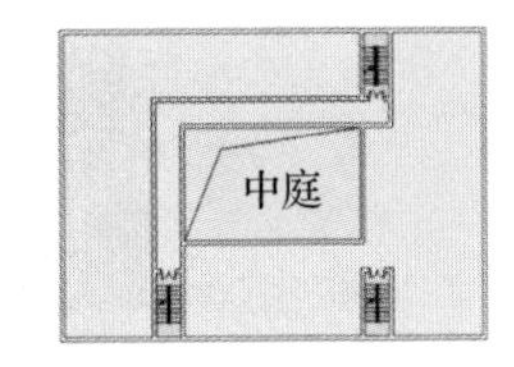

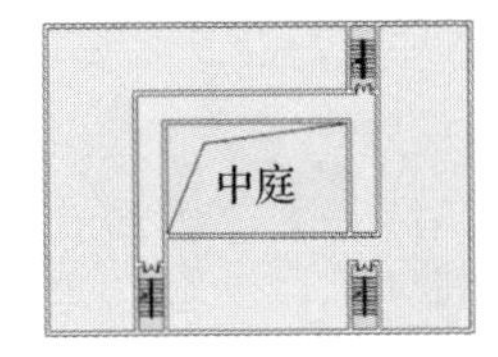

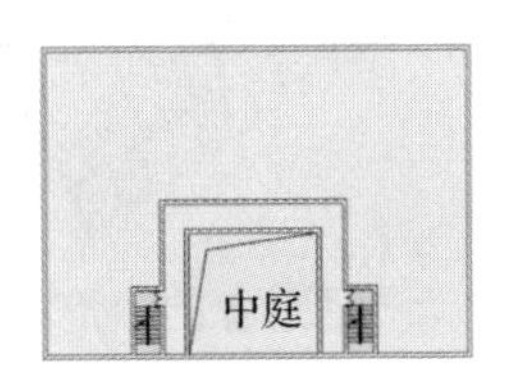

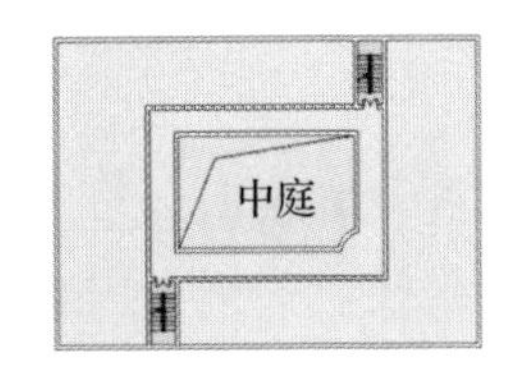

图 1-4 不同形式中庭平面示意图

1.1.1 一面围合的中庭

一面围合的中庭是只有一个立面为建筑主体的围护结构

① 理查·萨克森.中庭建筑：开发与设计［M］.戴福东，吴庐生，等，译.北京：中国建筑工业出版社，1990.

② 廖曙江，付祥钊，庞煜.中庭建筑分类及其火灾防治措施［J］.重庆建筑大学学报，2001，23（02）：7-11.

或与建筑主体直接联系，其他面全部或大部分位于建筑主体外的中庭，其空间高度受中庭形态和功能的限制，一般不会太高（图 1–5）。这类中庭类似一个独立的空间贴附在建筑主体上，多为自建筑的首层往上贯通多个楼层；也有一些设置在裙楼上的塔楼将此类中庭设置在裙楼屋面上作为塔楼主体的中庭，常种植绿植、设置咖啡厅和茶吧等，具有一定的火灾危险性。

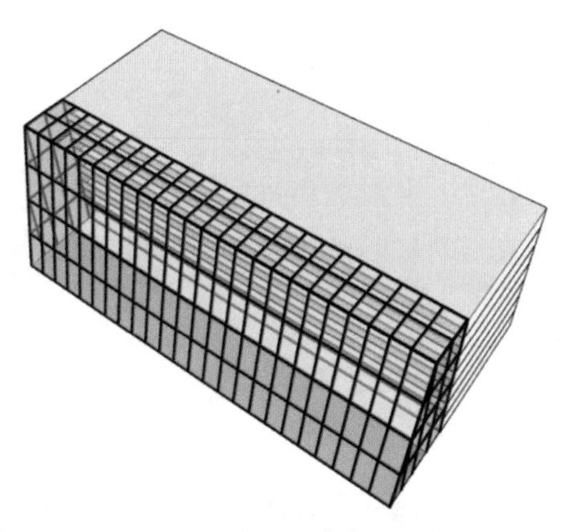

图 1–5　一面围合的中庭示意图

在这类中庭中，位于主体建筑结构外的三个立面和顶面的围护结构多采用玻璃幕墙、金属幕墙或膜结构。在中庭与建筑主体之间，位于建筑主体的首层多与中庭直接贯通，其他楼层，有的在建筑主体的外围护结构外设置回廊，有的直接为建筑主体的外围护结构，有的无任何围护结构而直接贯通。

当中庭与建筑主体之间具有防火分隔墙体时，如在中庭或建筑主体除首层外的其他楼层发生火灾，因中庭与各楼层连通处具有防火分隔墙体和防火门窗，火灾及其烟气对其他楼层或中庭的影响较小。在实际建筑中，可以充分利用此条件，通过提高连通处的防火分隔墙体、门窗的耐火性能和防烟密闭性能，分别针对中庭、中庭周围的连通区域内的火灾危险性设置必要的自动灭火系统和烟气控制系统，以实现防止火灾及其烟气通过中庭蔓延，减小火灾危害的目的（图1-6）。例如，将墙体的耐火极限提高至不低于1.00h，门窗采用甲级防火门窗，在中庭周围的回廊、房间或区域内设置自动喷水灭火系统，视情况在中庭内设置喷洒型或喷射型自动跟踪定位射流灭火系统和在中庭及其周围房间或区域内设置烟气控制系统等。此外，在选择中庭的围护结构材料或制品时，要注意研究这些材料或制品的性能及其安装方式，应避免中庭的围护结构在火灾情况下对消防救援人员产生伤害。例如，中庭的顶棚或内倾式外围护结构采用玻璃时，应选用安全玻璃、夹丝玻璃等夹层玻璃。中庭的烟气控制大多数可以利用中庭具有多个面在建筑主体外且空间高度较低的特点，采用设置外窗的方式自然排烟。

图1-6　中庭与周围采用防火隔墙和防火门分隔实例照片

当中庭与建筑主体之间无防火分隔墙体时，如在中庭或建筑主体内发生火灾，火灾及其烟气将会在中庭、建筑主体中的各楼层内蔓延，往往会使过火面积、灭火救援难度增大。这类中庭需要根据建筑主体中各楼层的实际用途及其火灾危险性、中庭的横截面大小和空间高度等空间特点以及中庭的实际用途采取相应的防火措施。

1.1.2 两面围合的中庭

两面围合的中庭是有两个立面为建筑主体的围护结构或与建筑主体直接联系，其他面全部或大部分位于建筑主体外的中庭（图 1–7）。这类中庭与一面围合的中庭类似，也相当于一个独立的空间贴附在建筑主体上，多为自建筑的首层往上与建筑主体的多个楼层连通，常种植绿植、设置咖啡厅和茶吧等，具有与一面围合的中庭相当的火灾危险性。对于在商业步行街上部设置屋顶与步行街两侧建筑联系的空间，在形态上类似两面围合的条形状中庭，但在严格意义上不属于中庭。

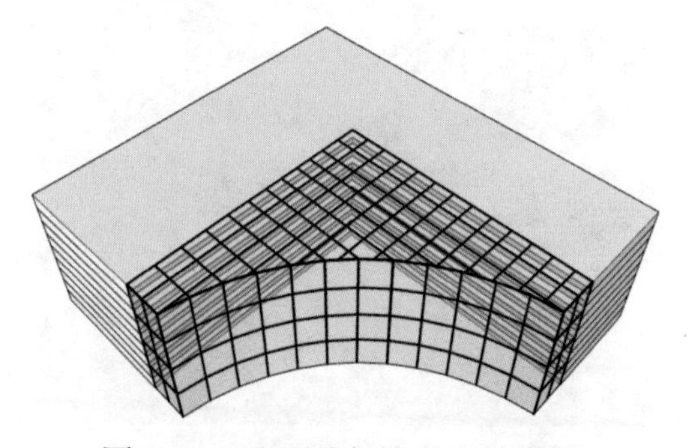

图 1–7　两面围合的中庭示意图

两面围合的中庭，其空间和结构形态、外围护构造材料或制品、与建筑主体之间的防火措施均与一面围合的中庭类似。但是，在两面围合的中庭中，有一种长度远大于其宽度的条形状中庭，两端往往开敞，见图1–8。这类中庭有时实际上相当于具有顶棚的步行街，是一种特殊的中庭，与我国国家标准《建筑设计防火规范》GB 50016—2014（2018年版）第5.3.6条规定的有顶棚的商业步行街及其防火要求均有很大区别。在国家标准《建筑设计防火规范》GB 50016—2014（2018年版）第5.3.6条的规定中，未将此步行街及其上部空间作为一个中庭，即没有将这些空间作为一个建筑室内空间考虑，而是在设定步行街两侧建筑之间的间距大于相应高度建筑之间的最小防火间距要求的基础上（即对于一、二级耐火等级的单、多层建筑之间，一、二级耐火等级的单、多层建筑与高层建筑之间，不小于9m；高层建筑与高层建筑之间，不小于13m），将步行街两侧的建筑视为相互独立的建

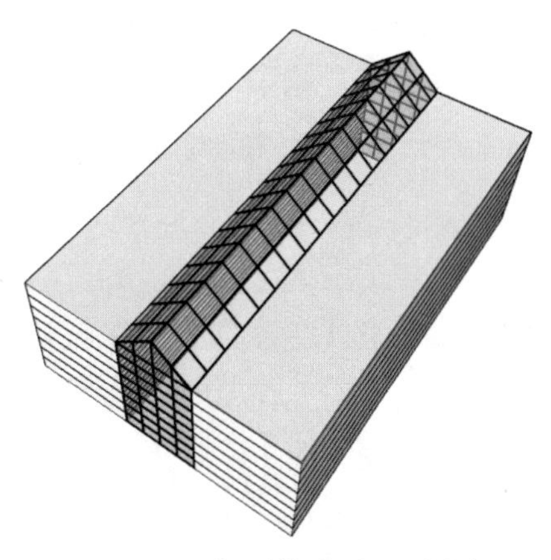

图1–8　条形状中庭示意图

筑，并按照此原则确定了这些建筑各自的防火技术要求。此外，这些规定还考虑到步行街需能够满足步行街两侧建筑中的人员在火灾时利用步行街安全疏散的要求。

条形状中庭也是建筑中的一个室内空间，不能简单地按照国家标准《建筑设计防火规范》GB 50016—2014（2018 年版）有关有顶棚的商业步行街两侧的建筑利用该步行街进行疏散时的相关防火要求考虑，需要结合中庭的高度、中庭周围连通区域的实际火灾危险性和功能要求，确定合理有效的防止火灾和烟气经中庭蔓延的技术方法和措施，进而确定相应的技术要求。大多数条形状中庭属于自首层或楼地面贯通至屋顶的中庭，具有可利用屋顶天窗或侧窗自然通风排烟的有利条件；在这类中庭周围一般会设置回廊，这些回廊具有一定的阻止火势在上下楼层之间蔓延的作用。在考虑这类中庭本身及其与周围连通区域之间的防火技术措施时，可以充分利用这些有利条件。但是，条形状中庭往往连通区域的建筑面积大，中庭楼地面的建筑面积也很大，一旦发生火灾，很容易导致严重后果，需要采取完善的防火分隔措施，设置有效的消防设施，并严格限制中庭内的用途或火灾荷载。

1.1.3 三面围合的中庭

三面围合的中庭是有三个立面为建筑主体的围护结构或与建筑主体直接联系，只有一个立面或者只有顶面和一个立面位于建筑主体外的中庭（图 1-9）。这类中庭多设置于办公建筑、旅馆建筑和交通建筑中。在三面围合的中庭与建筑主体之间，有的会在中庭周围全部或部分区域设置回廊，有的直接设置建筑主体的围护结构而无回廊，但与建筑主体各楼层直接连通而无分隔的情形较少。

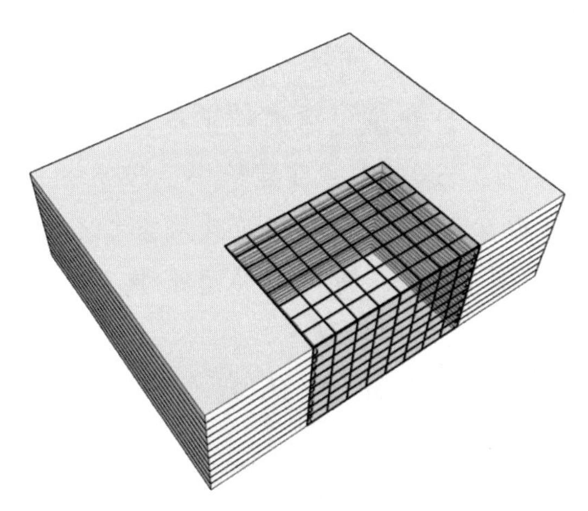

图 1–9　三面围合的中庭示意图

这类中庭，大部分会采用墙体与建筑主体分隔，具有较好的防止火灾和烟气经中庭蔓延至建筑主体内其他楼层的性能。在实践中，这类中庭的防火可以根据中庭周围连通处的分隔情况、连通区域的功能及火灾危险性、中庭开口的大小，采取合适的防火分隔措施，并确定防火分隔体的耐火性能。通常，可以将建筑主体与中庭之间的围护结构视为建筑主体的外墙，确定这些部位防火分隔体的相应耐火性能、上下层开口之间的窗间墙或窗槛墙高度、不同防火分区之间墙体上开口之间的水平间距等；根据中庭内的火灾危险性设置相应的火灾自动报警系统和自动灭火设施；中庭的烟气控制可以主要考虑中庭本身发生火灾时的排烟，排烟方式和排烟量可以综合中庭的空间高度、横截面面积大小和中庭内可能的火灾规模等因素确定。

1.1.4　四面围合的中庭

四面围合的中庭像内嵌在建筑中间的一个独立空间，是位于建筑主体内部，四个立面均面向建筑主体的中庭，中庭的顶面可以是建筑主体内的楼板，也可以是建筑的屋顶（图 1–10）。这类中庭在建筑中比较常见，多设置于旅馆建筑、办公建筑、商店建筑或商业综合体、医院门诊和住院楼、图书馆、博物馆等建筑中。当建筑的平面面积较大或建筑的高度较高时，有时会设置多个中庭。在高层建筑中隔数个楼层设置的中庭，通常称为内置式中庭（图 1–11）。

这类中庭与建筑主体之间的连通面最多、连通楼层有时也较多，其防火需要重点考虑防止发生在中庭周围各楼层内的火灾及其烟气蔓延入中庭和中庭内的排烟。在实践中，要尽量采用实体墙和防火门窗将中庭与其周围的连通区域分隔

图 1–10　四面围合的中庭示意图

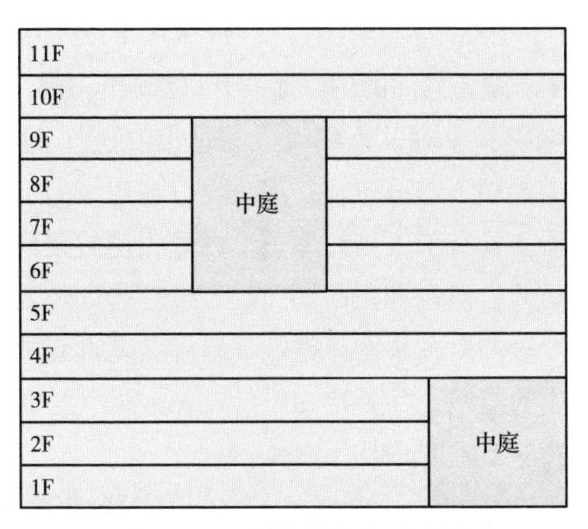

图 1–11 内置式中庭示意图

开来，并且减少或避免使用防火卷帘分隔；在中庭内需设置有效的排烟等烟气控制系统，防止烟气在中庭中积聚和扩散。当中庭周围无回廊时，中庭与其周围各楼层的连通区域之间可以将建筑中面向中庭的一面，采用建筑外立面防止火灾在上下楼层之间以及在相邻建筑之间蔓延的方法，确定相应的措施和要求；当中庭设置回廊时，可以将回廊视作防火挑檐而适当降低上下楼层围护结构上开口之间的防火要求，但要综合考虑中庭开口的宽度、横截面面积和中庭周围区域内的火灾危险性。具有回廊的中庭，应充分利用回廊这个对建筑防火有重要作用的区域，在中庭与其周围连通区域之间形成一道屏障，使之成为阻止烟气流动和火焰蔓延的缓冲区。一般来说，可以在回廊与楼层中其他区域的连通处采取合理防火分隔措施的基础上，再在回廊边沿设置挡烟垂壁。有时，也可以在回廊与中庭连通的口部沿地板往上设置一定高度

（一般不低于 1.5m）的挡烟板。这种做法常用于中庭式地铁车站中站厅与站台之间的中庭连通开口部位的防火。

具有屋顶的中庭，也称为“贯通式中庭”。这类中庭一般自建筑的首层贯通至屋顶，部分设置在建筑的上部楼层并贯通至屋顶，具有可直接在屋顶上设置天窗的条件，能够充分利用流动的自然风和正向烟囱效应进行排烟。当这类中庭的空间高度较高时，应在研究烟气温度变化过程的基础上考虑排烟气流的组织，并确定相应的排烟或烟气控制方式。其他防火要求与无屋顶的中庭基本相同。

当中庭与各楼层上的连通区域之间无分隔措施，即直接连通时，相当于所有经中庭贯通的楼层属于同一个空间。无论中庭发生火灾还是在楼层上中庭外的区域发生火灾，都可能导致火灾和烟气蔓延至全部连通区域。这类中庭需要根据连通区域的总建筑面积、各区域的使用功能和建筑的楼层高度等采取防火分隔、灭火和烟气控制措施。一般，需要在中庭周围与各楼层的连通处采取防火分隔措施。当建筑的首层中庭周围的建筑面积与中庭地面的建筑面积之和不大于一个防火分区的最大允许建筑面积时，中庭与首层其他区域之间可以不分隔，但在其他楼层与中庭连通处仍需要采取防火分隔措施；为便于人员疏散和消防救援，一般要在首层中庭的开口边沿处设置挡烟垂壁。

1.2 中庭的火灾危险性

1. 易导致火灾和烟气的大范围蔓延

中庭大部分设置在旅馆建筑、商店建筑或商业综合体、图书馆、学校教学楼、医疗建筑和办公建筑等建筑中，贯通多个楼层，连通区域的面积大。当中庭发生火灾时，其燃烧过程因供氧充分而通常表现为燃料控制型燃烧，火灾规模与中庭内可燃物的数量和分布状况有很大关系；当在中庭周围的区域内发生火灾时，火灾的蔓延主要表现为与火灾经建筑外立面开口蔓延类似的特性，主要为进入中庭的烟气会发生大范围的蔓延。当然，火灾跨越楼层竖向蔓延，或跨越中庭水平蔓延的危险性，还与中庭内可燃物的状态、中庭的空间高度和宽度密切相关。无论是在中庭内还是在中庭周围的连通区域内发生火灾，火灾产生的烟气和热量均可能经中庭迅速扩散至与中庭连通的其他楼层内，加之中庭内的烟气流动可能产生的烟囱效应，会进一步加剧火势在多个楼层内的蔓延。

2. 易增加人员的疏散难度

中庭或各楼层与中庭连通区域内的火灾烟气，在中庭内会因正向或逆向烟囱效应而加速向上或向下扩散，建筑内的人员需要在同一时间整体集中疏散。对于高层建筑和在同一时间使用人数较多的多层建筑，如高层办公建筑、多层商业综合体、学校教学楼等，当发生火灾需要全楼同时疏散时，将会给建筑的竖向疏散设施带来巨大压力，引发人群拥挤、疏散过程失序等情况，使人员的疏散过程变得困难，易导致人员伤亡。尤其是设置中庭的建筑，人员在正常情况下主要依靠设置在中庭内及其周围的电梯、扶梯上下各楼层，大多对中庭及其回廊比较熟悉，而对位于其他部位的疏散楼梯或安全出口并不熟悉，特别是少数位置隐蔽的疏散楼梯间，人员平时很少使用，在疏散时难以有效发挥作用。

3. 灭火和救援难度大

建筑火灾经中庭蔓延后容易发展成为多个楼层的立体火灾，消防救援人员进入建筑后需要在数个楼层同时展开灭火行动，加之消防救援人员到场时的火灾往往处于快速增长期或全盛期，火场温度高、能见度低，有的建筑进深大，往往使消防救援人员难以接近着火位置，灭火救援效果受到很大影响，导致火灾延续时间长、危害大。对于上下贯通式中庭，中庭顶部和周围的玻璃爆裂散落或结构坍塌，也会影响消防救援行动，并对消防救援人员的人身安全构成威胁。

1.3 我国现行标准对中庭防火的要求

中庭是火灾及其烟气在建筑内蔓延的竖向通道之一。中庭的防火主要考虑防止火灾和烟气经中庭蔓延至各楼层与中庭连通的区域。常规的做法是，当中庭楼地面的建筑面积与该层连通区域的建筑面积之和小于所在建筑一个防火分区的最大允许建筑面积时，可以从该层的上一层起将中庭与以上楼层的连通区域进行防火分隔（图 1–12）。当与中庭连通的区域为具有一定功能的用房（如办公室、客房、商铺等）时，可以直接采用位于与中庭连通边界处的防火墙、防火隔墙和甲级防火门、窗分隔。相对中庭而言，这相当于将这些房间与中庭连通的墙体视为建筑的外墙。当中庭周围设置回廊时，仍可以按照此方式在回廊与各楼层的连通边界处分隔。我国有关中庭防火的技术要求主要规定在国家标准《建筑设计防

火规范》GB 50016—2014（2018年版）和《建筑防烟排烟系统技术标准》GB 51251—2017中。这些标准从中庭内的可燃物限制、中庭及其周围区域的火灾扑救和控制、中庭及其周围区域的烟气控制等方面作了规定。具体要求如下：

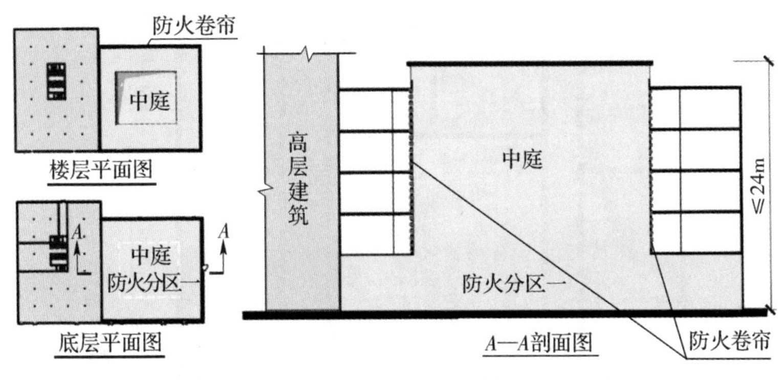

图1–12 中庭防火分隔示意图（一）

（1）在中庭与周围各楼层的连通区域之间，应采取防火分隔措施。

1）当采用防火隔墙分隔时，防火隔墙应位于中庭与其他区域连通的边界处，防火隔墙的耐火极限不应低于1.00h（图1–13）。此防火隔墙可以采用耐火极限不低于1.00h的防火玻璃墙替代；当采用非隔热性防火玻璃墙替代此防火隔墙时，还应设置自动喷水灭火系统保护。防火隔墙上的门、窗应为甲级防火门、窗。

2）当采用防火卷帘分隔时，防火卷帘的长度可以不受限制，但防火卷帘应设置在中庭的开口边沿处；如将防火卷帘设置在中庭与各楼层上连通区域的边界处，则需要按照在不同防火分区之间设置防火卷帘的要求控制其长度。防火卷

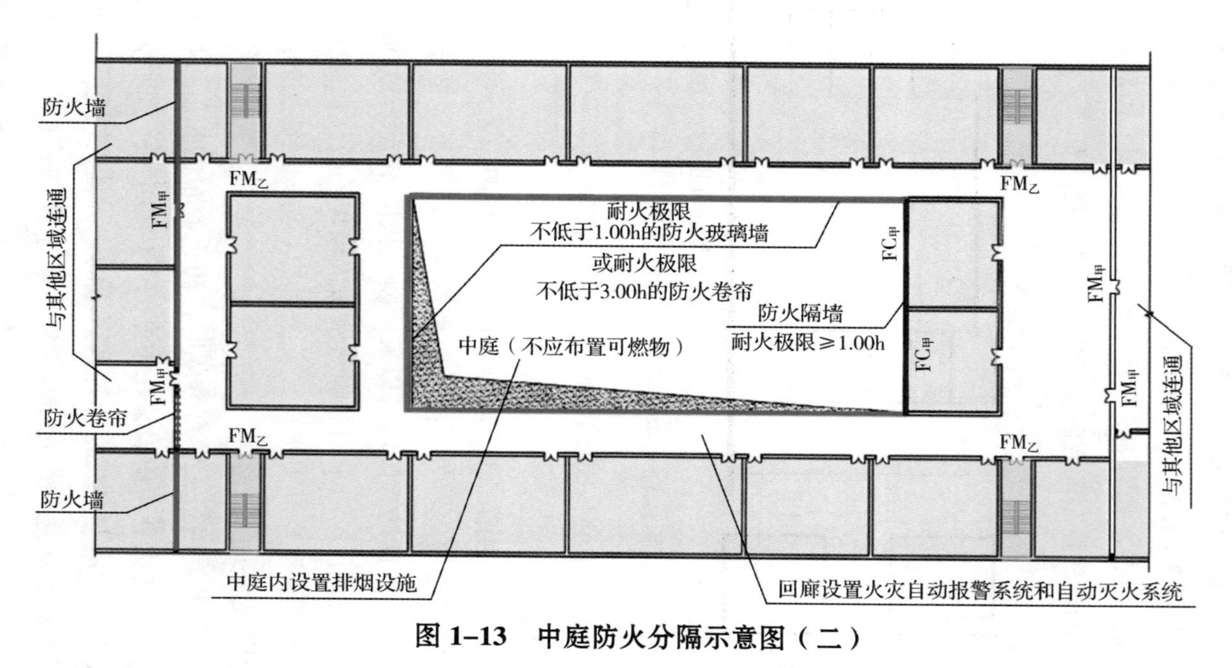

图 1-13　中庭防火分隔示意图（二）

帘的耐火极限不应低于3.00h。当中庭与各楼层之间无回廊直接连通时，不宜采用防火卷帘，而应采用耐火极限不低于1.00h的防火隔墙和甲级防火门、窗分隔。

3）当采用防火分隔措施将中庭与其他区域分隔后，中庭楼地面的建筑面积与在各楼层未与中庭分隔的连通区域的建筑面积之和，不应大于该建筑一个防火分区的最大允许建筑面积。

（2）中庭内应设置排烟设施。

由于中庭内的烟气会在浮升过程中不断与周围空气混合，有时还存在烟气与边界壁面的热交换作用，烟气的温度随着浮升高度的增加会逐渐降低并达到与环境温度相同的状态，导致烟气不能再上升，从而会在空中形成一个稳定的烟气层。另外，当中庭上部的环境温度高于烟气层的温度时，也会产生所谓的“烟障”现象，使烟气层上升受阻。当然，如果烟气在浮升运动过程中能在中庭内形成正向烟囱效应，则情形会有很大不同。因此，在中庭内采取烟气控制措施，是中庭防火需要考虑的重点问题之一。

中庭的排烟方式需要根据中庭的空间高度、中庭内烟气的初始温度、中庭是否具有设置外窗或天窗的条件等情况，采用自然排烟或者机械排烟的方式。当中庭的空间高度较高，存在烟气层不能到达顶部的可能，或者中庭顶部的内部或外部环境温度高于中庭内部的烟气温度时，则采用自然排烟方式难以实现有效排烟，而需要采用机械排烟的方式。实际上，中庭的烟气控制除排烟方法外还可以采用其他方法。例如，利用中庭的巨大容积储烟；在中庭与各楼层的连通空间之间建立一定的压力差，阻止与中庭连通的着火空间的烟气进入中庭，或阻止中庭内的火灾烟气进入与其连通的周围空间。对于具有足够大容积的中庭，当在中庭周围区域与中庭之间采用防火隔墙和甲级防火门、窗完全分隔，或中庭的火灾危险性小、与中庭连通的周围区域按照要求设置了排烟系统时，中庭的烟气控制还可以采用其他方式，如储烟法。

中庭周围场所的排烟系统设置要求，应分别根据这些场所的建筑面积大小、可燃物的数量多少、建筑外窗设置情况、使用人数多少等人员特性，按照现行国家标准《建筑设计防火规范》GB 50016 的规定逐一确定。

中庭周围的回廊一般可以单独设置排烟系统，也可以与中庭的排烟系统合用。当回廊周围连通区域的建筑面积较小，不需要设置机械排烟系统时，也可以综合利用回廊的排烟系统统一排烟。根据国家标准《建筑防烟排烟系统技术标准》GB 51251—2017 的规定，回廊的烟气控制措施可以根据下述原则确定：

1）当回廊周围场所均设置排烟系统时，除商店建筑的中庭回廊应设置排烟系统外，其他建筑的中庭回廊可以不设置排烟系统。

2）当回廊周围场所任一房间未设置排烟系统时，回廊应设置排烟系统。

3）当中庭与周围场所未设置防火隔墙、防火玻璃隔墙、防火卷帘分隔时，在中庭与周围场所之间的连通处应设置挡烟垂壁。

（3）中庭应根据中庭及其周围区域的火灾危险性、灭火系统和火灾自动报警系统设置情况，采取火灾控制和火灾早期探测报警措施。

当中庭所在建筑的其他区域设置自动灭火系统和火灾自动报警系统时，中庭及其回廊应设置自动灭火系统和火灾自动报警系统；高层民用建筑不管其他区域是否设置自动灭火系统和火灾自动报警系统，在中庭周围的回廊上均要求设置自动灭火系统和火灾自动报警系统。中庭内的自动灭火系统，即使空间高度很高的中庭，也不适合采用固定消防水炮或自动跟踪定位射流灭火系统中的自动消防炮灭火系统。

（4）设置中庭的民用建筑，与中庭连通的房间疏散门至最近安全出口或疏散楼梯的最大疏散距离，应符合国家标准《建筑设计防火规范》GB 50016—2014（2018 年版）第 5.5.17 条的规定。

（5）在中庭内不应布置可燃物。

在工程上，限制在中庭内布置可燃物是一种经济的工程防火方法。实际上，国家标准《建筑设计防火规范》GB 50016—2014（2018 年版）有关中庭防止火灾和烟气蔓延的技术要求，均基于在中庭楼地面及其上空不布置可燃物这一基本条件。

但是，建筑的需求多种多样，在现实中总有少数建筑需要在中庭内布置一定数量的可燃物，而不能完全禁止。即使不允许布置可燃物的中庭，也可能会设置自动扶梯、绿植等设施和景观，总是存在一定数量的可燃物，而不是绝对没有可燃物，只是这些可燃物的数量少，可能形成的火灾规模比较小，大部分情况下难以产生大的火灾危害，可以将这类中庭视为一个火灾危险性较低的空间。当然，在中庭内不允许布置展览设施、商业摊位、儿童游乐活动设施等可能产生较大火灾危害的设施。图 1–14 显示了某商场中庭内一棵圣诞树发生火灾时的情形。从图中可以看出，该火灾后期的烟气对中庭周围的连通区域有一定影响，如果在此中庭内还布置有其他可燃物，则很可能导致火情蔓延扩大，烟气的危害也更大。

图 1–14　中庭内发生火灾时的烟气[①]

① 图片来源：www.sohu.com/a/438678259_479439。

当在中庭内布置可燃物时，我国现行有关标准规定的上述防火技术要求可能不能完全适用，而通常需要将中庭本身作为建筑内与其他场所一样火灾危险性的区域划分防火分区。由于中庭是建筑中贯通了 2 个或多个楼层的室内空间，允许布置可燃物的这类中庭及其周围连通区域在划分防火分区时，既要考虑建筑中一个防火分区的最大允许建筑面积要求，又要考虑中庭的空间和平面尺寸对阻止火灾和烟气蔓延的有利和不利作用，确定合理有效的防火措施。当中庭的楼地面位于地上楼层时，其楼地面所在楼层应按照国家标准《建筑设计防火规范》GB 50016—2014（2018 年版）等标准的要求划分防火分区，并进行防火分隔［图 1–15（a）］。

由于建筑地下区域与地上区域的设防标准不同，建筑的地下楼层不宜通过中庭与其地上楼层贯通。当中庭的楼地面位于地下楼层，并贯通至地上楼层时，应按照国家相关标准中有关地下或半地下建筑的防火分区要求对中庭及其连通区域进行防火分隔。对于地下商店建筑，还需同时根据地下商店部分的总建筑面积大小考虑更严格的防火分隔措施［图 1–15（b）］。

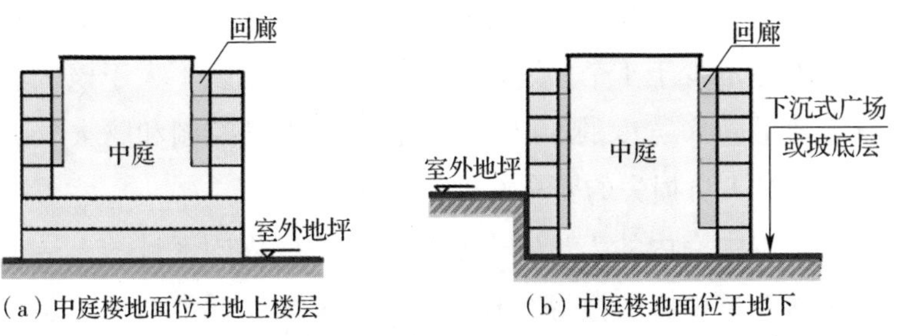

（a）中庭楼地面位于地上楼层　（b）中庭楼地面位于地下

图 1–15　中庭类型示意图

在实际建筑中，中庭所在建筑的火灾危险性、中庭本身的空间特性和平面尺寸、中庭的实际用途和火灾危险性均有较大差异。从上述中庭的防火措施可以看出，我国现行有关国家标准对中庭的防火技术要求，特别是中庭的防火分隔和烟气控制，没有进一步细致地区分在中庭内允许布置可燃物和不允许布置可燃物的情形、未考虑中庭开口的大小和容积、中庭周围连通区域的实际火灾危险性对火灾和烟气蔓延的影响、规定的技术措施少、排烟量要求只考虑了中庭周围连通区域的火灾烟气生成量或者只是按照一个确定的量进行排烟，难以满足实际建筑内中庭形态、大小不同时的防火要求。在正常情况下，中庭应作为一个独立的防火分隔区域确定其人员疏散要求，中庭周围区域的人员不应再经过中庭疏散。当中庭周围区域的安全出口必须通向中庭，人员需要借用中庭疏散时，应符合国家标准《建筑设计防火规范》GB 50016—2014（2018 年版）第 5.5.9 条有关规定（即建筑的耐火等级不应低于二级，中庭与其周围连通区域之间的防火分隔能防止着火区域的火势和烟气蔓延进入中庭，周围建筑面积大于 1 000m^2 的防火分区，直通室外的安全出口不少于 2 个，建筑面积不大于 1 000m^2 的防火分区，直通室外的安全出口不少于 1 个，通向中庭的疏散净宽度不大于该区域所需疏散总净宽度的 30%），或者结合烟气控制和防火分隔等措施对人员损失的安全性进行验证。

对于中庭内的人员安全疏散以及中庭周围区域的人员是否能够经过中庭疏散等，我国现行有关国家标准的规定还不明确，还需要进一步明确和完善。物质在燃烧或分解时散发出的固态或液态悬浮微粒和气体，与烟羽流发展过程中卷吸的空气，共同构成了所谓的“烟气”。烟气中含有气溶胶颗粒、水蒸气、有毒的气体产物、未完全燃烧的可燃气体以及二氧化碳等物质，烟气还往往具有较高的温度，并会在空间内扩散导致空间内的能见度降低。火灾产生的烟气是造成建筑火灾中人员伤亡的主要因素。在大多数建筑中，常见将位于首层的中庭楼地面作为人员疏散经过的安全区域使用。因此，中庭设置可燃物与否，以及中庭内可燃物的分布状态和数量，与建筑能否利用中庭疏散直接相关。当建筑内的人员在火灾时需要利用中庭疏散时，不应在中庭内布置可燃物；当在中庭布置可燃物时，需要结合中庭自身及中庭周围区域的人员安全疏散要求，合理确定中庭的位置。此外，中庭上部各楼层的人员疏散路线也要与中庭的烟气控制、中庭周围连通区域的烟气控制和防火分隔措施统筹考虑。

由于当前的防火标准是针对大多数常规的建筑和中庭，因此对于一些特殊的建筑和中庭，有必要针对建筑和中庭的具体空间特点、功能需求、实际火灾危险性等情况，基于国家标准《建筑防火通用规范》GB 55037—2022 和《消防设施通用规范》GB 55036—2022 规定的建筑防火目标、消防设施的设置目标及相关功能和性能要求，采用消防安全工程学的方法（即特殊消防设计的方法）经科学分析研究后确定更加合理、有效、可靠的防火和防烟措施。

第 2 章　中庭防止火灾蔓延的方法和技术

2.1　建筑火灾蔓延

根据国家标准《消防词汇　第 1 部分：通用术语》GB/T 5907.1—2014，火灾是在时间或空间上失去控制的燃烧。建筑火灾会在不同程度上造成人身伤害和经济损失，是各种灾害中威胁公众安全和社会经济发展的主要灾害之一。据统计，全世界因火灾造成的经济损失约占社会总产值的 0.2%。建筑火灾约占火灾总数的 75%，因建筑火灾造成的人员伤亡约占火灾总伤亡人数的 80%，经济损失约占火灾总损失的 86%[①]。尽管建筑火灾的发生具有很大的随机性，但一起确定的火灾，都需要经历从发生、发展到衰减的一个确定的过程。因此，可以在建筑设计中根据建筑火灾在室内外的蔓延过程和蔓延方式，采取针对性的防火技术措施，使建筑不发生或少发生火灾，能极大地减小火灾的损失和危害。中庭是建筑内主要的火灾和烟气蔓延路径，火灾的蔓延包括了热对流、热辐射和延烧等方式。具体哪种方式是主要的蔓延方式，根据中庭的空间高度、横截面尺寸、中庭内可燃物的数量和分布等情

---

① 国家消防救援局．消防安全技术实务［M］．北京：中国计划出版社，2023.

况而有所差异。本章将结合中庭的特性分析和研究防止火势经中庭蔓延的技术措施及相关要求。

2.1.1　火灾的热传播

热传播是影响火灾发展的决定性因素之一，火灾发生、发展、持续和衰退的整个过程始终伴随着热传播。火灾的热传播主要有热传导、热对流和热辐射三种方式。

1. 热传导

热传导是热量通过直接接触的物体，从温度较高部位传递到温度较低部位的过程。热传导是建筑火灾热传播的次要方式。影响热传导的主要因素有温差、导热系数、导热物体的厚度和截面面积、受热时间。

（1）温差。温差是热量传导的推动力。热量总是从系统中温度较高的部位导向温度较低的部位；温差愈大、导热方向的距离愈近，传导的热量就愈多。在火场，燃烧区的温度愈高，传导出的热量愈多。

（2）导热系数。导热系数是材料、制品或物体导热能力大小的标志；导热系数愈大，传导的热量愈多。不同材料、制品或物体的导热系数各不相同。一般来说，固体的导热性能较液体好，液体的导热性能较气体好。其中，金属材料是热量的优良导体，非金属固体多为不良导体，且不同非金属固体的导热系数差异很大。

（3）导热物体的厚度和截面面积。导热物体的厚度愈小、截面面积愈大，传导的热量愈多。

（4）受热时间。在相同条件下，物体受热时间越长，传导的热量越多。有些隔热材料虽然导热性能差，但经过长时间的热传导，也能引起与其接触的可燃物因温度持续升高而着火。

2. 热对流

热对流是热量通过流动介质，将热量由空间中的一处传递至另一处的现象。热对流是影响建筑室内初期火灾发展的最主要因素。影响建筑室内热对流的主要因素有空间的通风口情况、温差、环境风速和风向等。

（1）空间的通风口情况。热对流速率与通风口的面积和高度成正比。建筑室内外发生对流时，会在通风口处形成一个中性面，中性面以上的气流流出，中性面以下的气流流入，因此通风口的面积愈大或通风口所处位置愈高，热对流速率愈快。

（2）温差。在火灾中，可燃物燃烧时的火焰温度愈高，室内环境温度与室外环境温度，或室内烟气温度与室内环境温度的温差愈大，热对流速度愈快。

（3）环境风速和风向。风能加速气体对流。风速愈大，气体对流愈快，并能使建筑表面出现正负压力区，在建筑物周围形成旋风地带。风向的改变会导致气体对流方向改变。

3. 热辐射

热辐射是热以电磁波方式传递的过程，是室内火灾在发展阶段进行热传播的主要形式。热辐射不需要任何介质，不受气流、风速、风向等环境条件的影响，通过真空也能进行热传播。任何状态的物体（气态、液态、固态）都能将热量以电磁波的形式辐射出去，也能吸收别的物体辐射出的热量。影响热辐射的主要因素有温度、距离、相对位置、物体表面的灰度。

（1）温度。辐射物体在单位时间内辐射的热量与其表面绝对温度的四次方成正比。辐射物体的温度愈高，其辐射强度愈大。

（2）距离。受辐射物体与辐射物体之间的距离愈远，接受的辐射热愈少。反之，距离愈近，接受的辐射热愈多。

（3）相对位置（角度）。对于相同的辐射物体，当辐射物体的辐射面与受辐射物体处于平行位置时，受辐射物体接受到的热量最多。受辐射热量变化是其辐射角余弦的函数。

（4）物体表面的灰度。物体表面的颜色愈深、粗糙度愈大，吸收的热量愈多；物体表面颜色愈浅、愈平整和光亮，反射的热量愈多，吸收的热量就愈少。

2.1.2　建筑火灾的蔓延方式

建筑的室内火灾蔓延是通过热传播进行的，火灾的蔓延方式与起火点、建筑材料或制品及室内物品的燃烧性能、可燃物的形态、数量和分布等因素有关。室内火灾的常见蔓延方式为延烧、热对流、热辐射、热传导等，除着火房间外，室内火在建筑内沿水平方向和竖向蔓延的主要路径有：建筑内部的楼板或墙体等防火分隔物体上的开口和缝隙，建筑结构构造缝隙，墙体和楼板内的空腔，建筑中的管道井、线缆竖井、地沟和管线沟槽、各类风管、贯通的顶棚和闷顶等，中庭、工艺口等层间开口，楼梯竖井、电梯井道等。室外火和室内火经外墙开口外溢后在建筑外沿水平方向和竖向蔓延的主要路径有：可燃或难燃性的建筑外墙外保温系统和外装饰面，可燃或难燃性的建筑屋面外保温系统和防水系统，可燃或难燃性的建筑外墙和屋面，建筑外墙和屋顶上的开口，幕墙中的空腔和空隙，墙体内的空腔，室外火或相邻建筑火灾的热辐射作用、延烧或飞火等。下面主要介绍建筑室内火的蔓延方式。

1. 水平蔓延

火灾在水平方向的蔓延，在起火房间内主要因火焰直接接触、延烧或热辐射作用等引起；在起火房间外主要因防火分隔构件或其他防火分隔设施直接燃烧、被破坏或隔热作用失效，火和烟气从起火房间围护结构上或防火分隔处的开口蔓延进入其他空间后因高温热对流等作用引起。在建筑中，如在水平方向未合理划分防火分区或未采取防火分隔措施、防火分隔措施不当、在防火墙或防火隔墙上的开口处理不完善、建筑间隔不足，均会导致火灾发生水平蔓延。例如，防火隔墙未砌至顶板或隔断吊顶，防火隔墙上的缝隙和开口封堵不完善或不符合防火技术要求，采用可燃的构件和内部装修装饰材料、室内用于防火分隔的防火隔离带的间隔空间宽度不足。

2. 竖向蔓延

当建筑的室内外存在温差或气压差时，室内外的空气会因其密度不同或压差而发生受浮力驱动的流动。当室内某一空间内的气温高于室外并在室内上部开口时，室内空气会向上浮升，该空间的高度越高，这种流动越强烈。建筑内的楼梯间、电梯井和无层间分隔的管线井等竖向井道、中庭等竖向贯通空间中的空气，往往会因不同高度处的温差或压差作用而产生向上或向下的运动，即所谓的烟囱效应。烟囱效应具有正向烟囱效应和逆向烟囱效应两种形式，它是造成火灾及其烟气在这些竖向空间内向上或向下快速蔓延的主要原因。据测量，火灾初起时，烟气在水平方向扩散的速度约为0.3m/s；当燃烧猛烈时，烟气扩散的速度可达 0.5~3m/s；烟气顺楼梯间或其他竖向空间向上扩散的速度可达 3~4m/s[①]。建筑中的楼梯间、电梯井、管道井、电缆井、天井、中庭等竖向空间，如果防火分隔处理不当，会在火灾中产生较强烈的烟囱效应，并可能因此导致火和烟气在竖向快速蔓延。但应注意的是，当室内的环境温度低于室外的空气温度或竖向空间内上部的空气温度高于其下部的空气温度时，可能出现烟气层化现象或产生逆向烟囱效应。烟气层化现象是烟气层在向上浮升到达一定高度后，因烟气温度降低、密度增大、浮升力变小而不能再持续向上浮升，转而向水平方向扩展和向下堆积的一种特殊现象。在中庭内出现烟气层化现象有利于上部楼层人员的疏散，减小烟气对上部楼层的危害，但不利于采用自然排烟方式排出烟气，使火灾产生的烟气和热量在下部楼层蔓延，也不利于下部楼层人员的疏散。

建筑室内火灾产生的高温热烟气流还会促使火焰蹿出外窗，并因建筑外墙上的防火构造不完善，经外墙上的开口进入建筑室内向上部或下部楼层蔓延。在通常情况下，火焰与外墙面之间的空气受热逃逸会形成一定的负压，负压区周围冷空气的压力迫使烟气和火焰贴着或靠近墙面向上伸展，使火焰蔓延至上部楼层。同时，因火焰贴附或靠近外墙面而使热量透过墙体引燃起火层上部楼层房间内的可燃物。建筑外窗的形状、大

① 公安部消防局 . 建设工程消防监督管理［M］. 北京：中国科学技术出版社，2013.

小、开口距离楼地面的高度对烟火贴附墙面的情况和火灾蔓延有很大影响。当外墙上开口的高宽比较小时，火焰或热气流贴附外墙面的现象明显，更容易使火焰向上发展（图 2–1）。

（a）窗高宽比1∶2

（b）窗高宽比1∶1

（c）窗高宽比2∶1

图 2–1　外墙上不同高宽比的窗对火焰或热气流贴墙面形态的影响

2.2　中庭火灾蔓延控制的基本方法

中庭内的可燃物存在两种基本情况，一种是在中庭内不布置任何可燃物，火灾荷载很低；另一种是在中庭内布置可燃物，采用可燃装修和装饰，布置摊位、展位或游乐设施等，火灾荷载较高。无论哪种情形，也无论是在中庭内发生火灾还是在与中庭连通的区域内发生火灾，由于中庭贯通多个建筑楼层且往往与多个楼层的室内空间连通，在中庭或者中庭周围的场所内一旦发生火灾，火和烟气都可能在中庭及与中庭连通的区域内蔓延。当火灾产生的热量在中庭内持续积聚且不能及时排出时，火和烟气通过中庭的蔓延将比其沿建筑外立面的蔓延更为迅速。此外，如在中庭内沿竖向布置可燃装饰物等可燃物，火还可能通过这些可燃物在多个楼层内快速蔓延，从而将一个楼层的火灾发展为多个楼层同时着火的大范围立体火灾。因此，对于具有中庭的建筑，防止火灾和烟气在水平方向和竖向蔓延的方法和措施，与未设置中庭的建筑或建筑中不与中庭连通的其他区域防止室内火灾蔓延的方法和措施有所区别。

中庭的主要火灾危险在于中庭自身或者与中庭连通的区域内发生的火灾及其烟气会经过中庭快速蔓延至其他楼层，导致人员疏散、火灾与烟气控制、灭火救援困难。为满足建筑空间和建筑功能的需要，中庭的开口大小和形状千差万别，导致火和烟气在中庭及与中庭连通的区域内的蔓延方式和热作用强度也存在差异。根据物质燃烧和火灾传播的基本原理，防止火灾在建筑内蔓延扩大的方法主要有：限制火灾产生的热量通过热传导、热对流和热辐射的方式传播；防止发生延烧现象；阻止形成新的燃烧条件。针对中庭的建筑空间特点、中庭及其周围区域内可燃物的情况，控制火灾经中庭蔓延的基本方法有以下几种。

（1）控制中庭内可燃物的数量、分布状态和燃烧性能。在中庭内尽量使用不燃、难燃性的材料和制品，包括中庭的内部装修装饰，不使用或少使用可燃性的材料和制品，不使用易燃性材料和制品，提高材料和物品被引燃的难度，例如，采用阻燃材料，对窗帘、沙发外饰织物等进行阻燃处理；避免在中庭内布置可燃物品，尽可能使必须布置在中庭内的可燃物品呈离散状态相互间隔一定距离，限制在间隔的每个独立区域内布置的可燃物数量，防止火灾在中庭内通过延烧和热辐射导致大面积快速蔓延。

（2）将中庭及与中庭连通的区域合理划分防火分区或者防火分隔区域，采取合理、有效、可靠的物理防火分隔措施，限制火势和烟气蔓延出着火区域。例如，在中庭开口处、周围区域或回廊等与中庭连通的位置处，设置防火墙、防火隔墙、防火卷帘、防火门、防火窗、防火玻璃墙、夹层玻璃墙、防火分隔水幕系统等具有一定耐火性能或防火隔烟性能的防火分隔设施。在各楼层连通中庭的上下楼层开口之间设置一定高度的窗间墙等实体墙，或一定宽度的回廊、防火挑檐，阻止火灾通过中庭在不同楼层之间竖向蔓延。

（3）在中庭中相对侧具有可燃物的区域之间设置具有足够宽度的净空，阻止发生在中庭内或与中庭连通的区域内的火灾通过烟气的热对流、火焰和烟气的热辐射作用蔓延至中庭周围的区域、或从中庭的一侧区域蔓延至另一侧区域。

（4）在中庭、中庭回廊、与中庭连通的其他区域内设置烟气控制系统。在正常情况下，优先采用排烟措施，将火灾产生的高温烟气尽快排出，降低建筑内的温度，限制高温烟气大量聚集在中庭内，降低因热对流、烟气热辐射导致的火灾蔓延危险性。

（5）在中庭周围的场所、具有可燃物的中庭内设置灭火设施，通过扑灭初起火灾，或者抑制火灾的发展规模，降低火灾蔓延的危险性。

对于不同建筑，中庭的空间形态、中庭及中庭周围区域内的火灾危险性通常具有很大的差异性。上述这些控制火灾和烟气通过中庭蔓延的基本方法，在实际工程应用中主要采用防火分隔、烟气控制、设置灭火设施等措施，具体措施及相应的技术要求，需要在充分分析中庭及中庭周围区域内可能的火灾特性的基础上，综合考虑中庭内是否允许有可燃物、中庭开口的大小和形状、中庭的空间高度、中庭周围区域内的可燃物特性等因素确定。

2.3　中庭防火分隔的常用设施

2.3.1　防火墙和防火隔墙

防火墙是防止火灾蔓延至相邻建筑或相邻水平防火分区且耐火极限不低于 3.00h 的不燃性墙体，是一种可靠性高的固定防火分隔设施。防火墙具有较严格的建筑构造要求。需要直接设置在建筑基础上，或耐火性能不低于防火墙耐火极限要求的建筑承重结构上，一般不允许直接设置在楼板上。防火墙主要用于建筑内不同防火分区之间水平方向的防火分隔，有时也用于分隔相邻建筑或分隔建筑中同一防火分区内具有较高火灾危险性的不同场所或房间。在我国及大部分其他国家，都要求防火墙采用不燃性材料或制品构筑，常见的有钢筋混凝土墙、砖墙、混凝土砌体墙、轻质砌体墙等。

防火隔墙是在建筑中的同一防火分区内用于防止不同场所或房间的火灾蔓延至相邻场所或房间，耐火性能不低于规定耐火极限要求的墙体，防火分隔的可靠性较高。防火隔墙的常用耐火极限要求有不低于 1.00h 和不低于 2.00h 两种。防火隔墙广泛用于建筑中不同使用功能区域之间、不同火灾危险性的场所或房间之间、使用性质重要的房间与其他场所之间的防火分隔。构筑防火隔墙的材料或制品的燃烧性能与防火墙基本相同，一般要求采用不燃性材料或制品，但在部分耐火等级较低（如三级和四级耐火等级）的建筑和木结构建筑中，防火隔墙允许采用难燃性材料或制品构筑。

在正常情况下，防火墙和防火隔墙均要求从建筑的楼地面基层分隔至楼板底，不能仅分隔至吊顶下。试验测定防火墙、防火隔墙耐火性能的试验条件、试验装置和判定准则基本相同，均应符合国家标准《建筑构件耐火试验方法》GB/T 9978—2008 系列标准的规定，但承重防火墙的耐火极限判定准则与非承重防火墙或非承重防火隔墙的耐火极限判定准则略有差异。

在正常情况下，在中庭与相邻防火分区之间的防火分隔主要采用防火墙及与防火墙等效的其他措施；在中庭与其周围的连通空间之间的防火分隔主要采用防火隔墙及与相应耐火极限要求的防火隔墙等效的其他措施。

2.3.2 防火门和防火窗

在中庭与周围连通区域之间的防火墙、防火隔墙上的开口，可以设置防火门、窗来实现防火分隔的目的。

1. 防火门

防火门是由门框、门扇和防火铰链、防火锁等五金配件构成，具有一定防火、防烟和耐火性能及在火灾时能自行关闭功能的门。根据国家标准《防火门》GB 12955—2008，防火门按其制造材质可分为木质、钢质、钢木质和其他材质防火门；按其耐火性能可分为隔热（A 类）、部分隔热（B 类）和非隔热（C 类）防火门；按其门扇数量可分为单扇、双扇和多扇防火门。各种防火门的实物图见图 2-2。

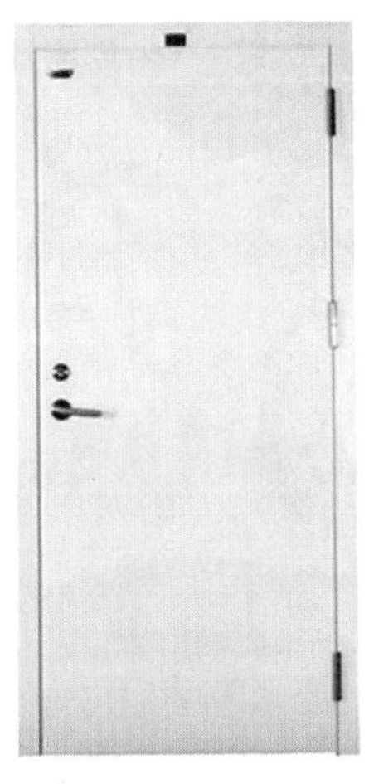

（a）钢质单扇防火门

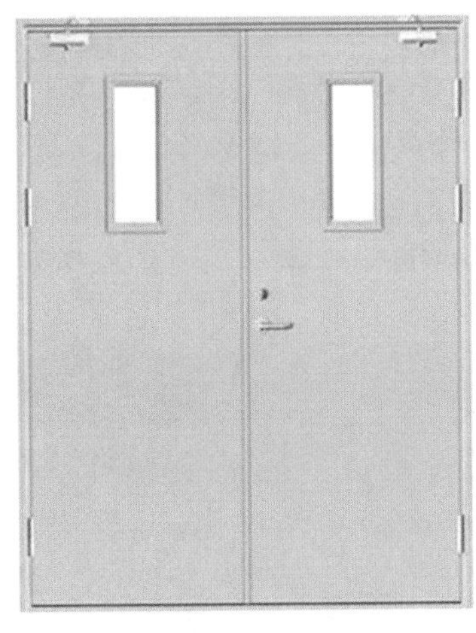

（b）钢质双扇防火门

（c）木质单扇防火门

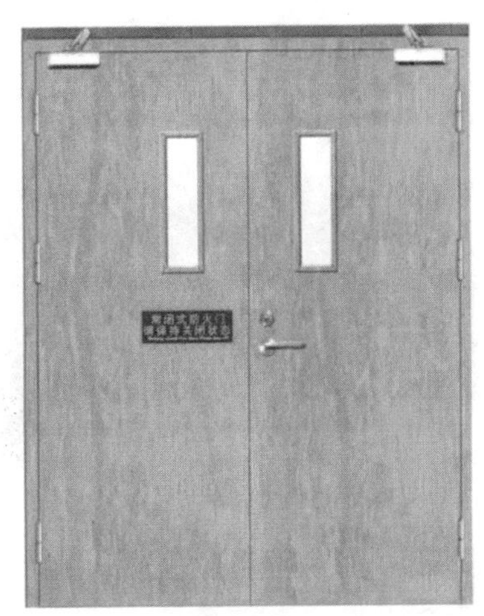

（d）木质双扇防火门

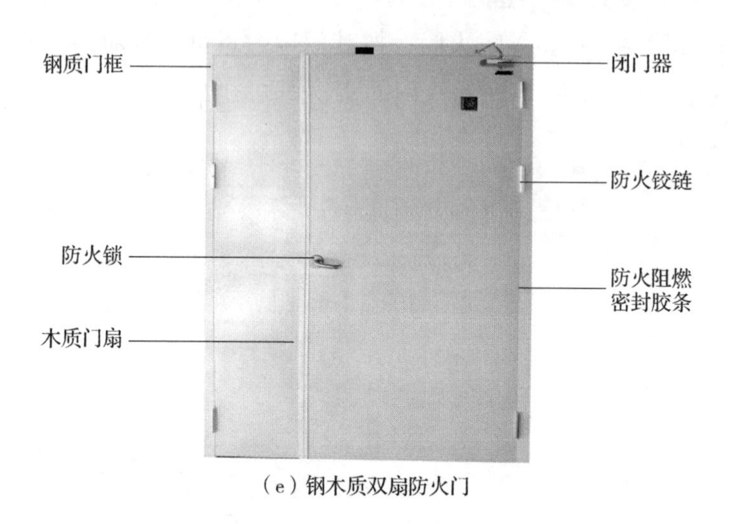

（e）钢木质双扇防火门

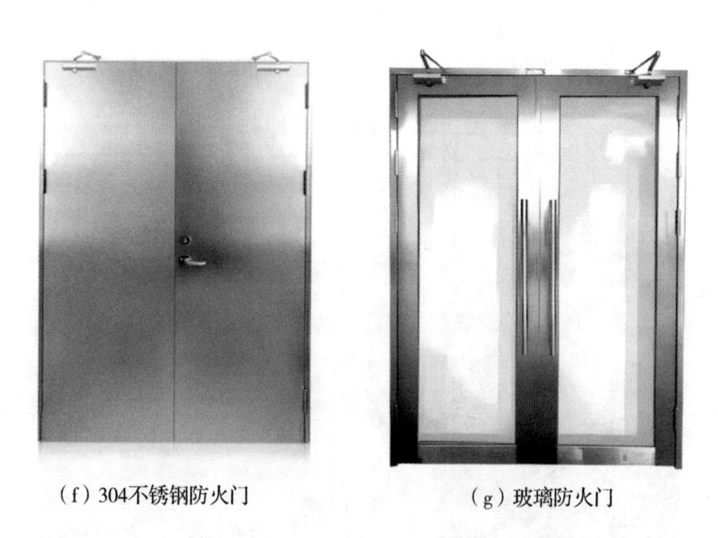

（f）304不锈钢防火门

（g）玻璃防火门

（h）多扇防火门

图 2–2　防火门

防火门的耐火极限主要有 0.50h、1.00h、1.50h、2.00h 和 3.00h。在我国现行建筑防火标准中，只规定了甲、乙、丙级防火门，即耐火完整性能和耐火隔热性能均分别为不低于 1.50h、1.00h 和 0.50h 的 A 类防火门在建筑中的设置和应用要求，尚未明确 B、C 类防火门的应用要求。其中，乙级防火门应用广泛，在绝大部分防火隔墙上设置的门是乙级防火门。

防火门应为具有自动关闭功能的平开门，关闭后应能从门的任意一侧手动开启；平时保持常开的防火门应能在火灾时自行关闭，并应具有信号反馈功能；防火门关闭后应具有防烟性能，即应具有一定的烟密闭性能。

在建筑应用中需要注意的是，有关防火门的信号反馈功能的实现或者防火门监控系统的设置，可以根据建筑内是否设置火灾自动报警系统、防火门启闭状态监控的重要性等因素决定，不必强制要求所有建筑中的防火门都需要实现信号反馈功能。例如，一座建筑中的楼梯间的楼层入口门采用了乙级防火门，但该建筑并未设置火灾自动报警系统，则不需要专门为实现这些防火门的信号反馈功能而设置火灾自动报警系统或联动控制系统。设置防火门监控系统能及时掌握防火门的启闭状态，能更好地实现防火门在火灾时的防火分隔作用，有条件的场所（例如设置火灾自动报警系统的建筑）可以考虑设置。

2. 防火窗

防火窗是由窗框、窗扇及防火玻璃等构成，具有一定防火、防烟和耐火性能及在火灾时能自行关闭功能的窗。根据国家标准《防火窗》GB 16809—2008，防火窗按其制造材质可分为木质、钢质、钢木复合和其他材质防火窗；按其耐火性能可分为隔热（A 类）和非隔热（C 类）防火窗；按其窗扇的启闭功能可分为固定式和活动式防火窗。各种防火窗的实物图见图 2-3。

防火窗的耐火极限主要有 0.50h、1.00h、1.50h、2.00h 和 3.00h。固定式防火窗的窗扇不能开启，活动式防火窗的窗扇可以开启和关闭，但要求具备在火灾时能自动关闭的功能。防火窗主要用于设置在防火墙和防火隔墙上、建筑外墙和建筑屋面上的具有防火性能的外窗。在我国现行建筑防火标准中，只规定了甲、乙、丙级防火窗，即耐火完整性能和耐火隔热性能均分别为不低于 1.50h、1.00h 和 0.50h 的 A 类防火窗在建筑中的应用要求，尚未明确 C 类防火窗的设置和应用要求。

（a）木质防火窗

（b）钢质防火窗

（c）钢木复合防火窗

（d）活动式防火窗

（e）固定式防火窗

图 2–3　防火窗

A 类隔热防火门、窗，在规定时间内能同时满足耐火隔热性能和耐火完整性能的要求。C 类非隔热防火门、窗，在规定时间内只能满足耐火完整性能的要求。防火窗无 B 类防火窗。B 类防火门在规定的时间内能满足至少 0.50h 耐火隔热性能和规定的耐火完整性能的要求。防火门、窗的耐火性能的试验条件、试验装置基本相同，均应符合国家标准《建筑构件耐火试验方法　第 1 部分：通用要求》GB/T 9978.1—2008 的规定，两者的耐火极限判定准则略有差异。

2.3.3　防火卷帘

防火卷帘是由帘面、导轨、箱体、卷门机、控制箱等组成，具有一定防火、防烟和耐火性能及在火灾时能自动关闭功能的卷帘。根据国家标准《防火卷帘》GB 14102—2005 的规定，防火卷帘按照启闭方式分为侧向卷、水平卷和垂直卷防火卷帘；按照其材质分为钢质防火卷帘、无机纤维复合防火卷帘；按照其耐火极限分为普通防火卷帘和特级防火卷帘。特级防火卷帘能够同时符合相应的耐火完整性能、耐火隔热性能和防烟性能的要求，耐火极限不低于 3.00h。防火卷帘的耐火性能是根据国家标准《门和卷帘的耐火试验方法》GB/T 7633—2008 的规定进行测试，与防火门的耐火性能测试要求基本相同。各种防火卷帘的实物图见图 2–4。

（a）侧向卷防火卷帘

（b）水平卷防火卷帘

（c）垂直卷防火卷帘

（d）钢质防火卷帘

（e）钢质防火防烟卷帘

（f）无机纤维复合防火卷帘

（g）无机纤维复合防火防烟卷帘

（h）特级防火防烟卷帘

图 2–4　防火卷帘

在需要采用防火墙、防火隔墙分隔的位置，当有特殊的功能需求时（例如，汽车库内的机动车通道需要满足机动车通行的需要，中庭开口处需要保持使用期间的空间贯通，生产厂房中防火分隔部位需要满足工艺生产线连续布置和连续生产的要求等），在防火墙、防火隔墙上面积较大的开口处设置防火卷帘，是一种常见的替代防火墙或防火隔墙的措施。在中庭的开口部位、中庭与其周围区域之间的较大连通开口处，其防火分隔均允许采用防火卷帘，以满足使用功能、空间视觉效果和防火防烟的需要。

国家标准《建筑防火通用规范》GB 55037—2022 第 6.4.8

条规定，建筑中用于防火分隔的防火卷帘，应具有在火灾时不需要依靠电源等外部动力源而依靠自重自行关闭的功能。侧向封闭式、水平封闭式防火卷帘不具备依靠自重自行关闭的功能，不符合国家标准《建筑防火通用规范》GB 55037—2022 等的规定。《关于加强超大城市综合体消防安全工作的指导意见》（公消〔2016〕113 号）要求，在总建筑面积大于 $10 \times 10^4 m^2$ 的大型城市综合体中严禁使用侧向式、水平封闭式和折叠提升式防火卷帘。折叠提升式防火卷帘尚未有效解决依靠其自重实现自行关闭功能的可靠性问题，难以满足相关国家标准的要求。因此，在中庭的开口边沿、中庭与其周围连通区域之间的防火分隔部位，不允许采用侧向式、水平封闭式防火卷帘；采用折叠提升式防火卷帘时，除应具有依靠自重自行关闭的功能外，还应确保防火卷帘动作和关闭的可靠性、有效性。

在疏散走道上的防火分隔处，一般不允许设置防火卷帘。当在宽度较宽的疏散走道上需要设置防火卷帘时，过去往往采用具有分两步降落完成开口封闭功能的防火卷帘，即防火卷帘在接到火灾报警信号和联动启动指令后，先降落至一定高度并延迟设定的时间后再降落到底。分两步降落的防火卷帘可以在下降过程中为人员疏散提供一定时间，使人员可以通过采用防火卷帘分隔的开口部位。但是，人员在应急疏散时的心理和行为受到多种因素影响，当人们看到防火卷帘正在下降时并不知道该防火卷帘会在下降至一定高度后停滞几分钟，因而会不由自主地折返寻找其他疏散路径和出口，导致防火卷帘分步降落的功能难以发挥实际作用。目前，我国基本上已经不允许在建筑的防火分隔中使用具有这种功能或采用这种封闭开口方式的防火卷帘。因此，中庭及其回廊在各楼层的人员疏散走道处，其防火分隔不应采用具有分两步降落功能的防火卷帘，而应设置向疏散方向开启的甲级防火门。在宽度较宽的疏散走道上需要进行防火分隔时，日本有种做法值得借鉴，即在疏散走道上的防火分隔处设置两扇防火门，并在其中一扇大门上设置一道门中门，这两扇门平时嵌在走道两侧的墙壁上保持常开，当接到火警信号时联动关闭，而其中的门中门可以在火灾时供人员疏散通行（图 2–5）。

图 2–5　疏散走道上设置母子门

尽管国家标准《建筑设计防火规范》GB 50016—2014（2018 年版）允许在中庭与其连通区域之间的防火分隔采用防火卷帘，而且在实际建成的建筑中确有不少建筑中庭是采用这种设施进行分隔的，但在实际运行过程中存在防火卷帘可靠性不高，难以在火灾时及时、有效封闭相应开口的情况。特别是，当前国家相关标准未限制在中庭的开口部位周围分隔用防火卷帘的使用长度，未明确单幅防火卷帘的尺寸，这都可能因防火卷帘的可靠性不高而给中庭的防火安全带来一定隐患。在过去的火灾事故中，因防火卷帘不能可靠动作导致火灾扩大，造成严重火灾损失的事故不少。例如，1996 年 4 月 2 日在沈阳市某商业城发生特大火灾，建筑中贯通 6 层的中庭洞口周围全部采用防火卷帘进行分隔，在火灾中大部分防火卷帘未能有效发挥作用或未能降落，导致整座商业城基本被全部烧毁。因此，在中庭周围采用防火卷帘进行分隔时，确保防火卷帘的质量和运行的可靠性十分关键，应充分考虑防火卷帘的实际应用尺寸、防火卷帘的类型和关闭方式等对其运行可靠性的影响，合理确定单幅防火卷帘的安装尺寸，采取措施确保这些防火卷帘能够同步动作。

2.3.4　防火玻璃墙

防火玻璃墙是由防火玻璃、镶嵌框架和防火密封材料等组成的非承重建筑墙体。符合相应耐火性能要求的防火玻璃墙可以用于局部替代防火墙或替代防火隔墙。根据所用玻璃的耐火性能不同，可以分为隔热性防火玻璃墙和非隔热性防火玻璃墙。防火玻璃墙的构造和外观见图 2–6。

防火玻璃按照其耐火性能可分为隔热型防火玻璃（A 类）和非隔热型防火玻璃（C 类），按照其耐火极限可分为 0.50h、1.00h、1.50h、2.00h、3.00h 五个等级。防火玻璃的耐火性能测定应符合国家标准《建筑用安全玻璃　第 1 部分：防火玻璃》GB 15763.1—2009 的规定。防火玻璃的耐火性能主要取决于玻璃材质及附加防火层材料，A 类防火玻璃一般

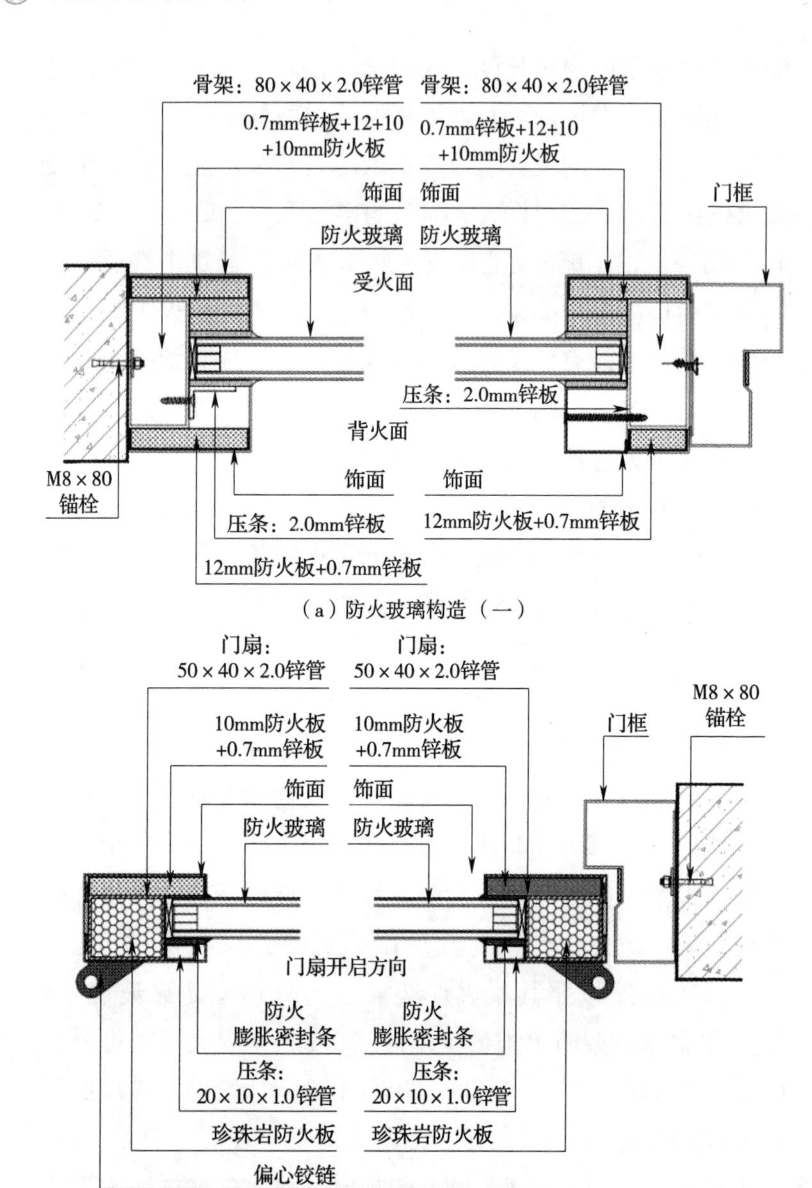

（a）防火玻璃构造（一）

（b）防火玻璃墙构造（二）

（c）防火玻璃墙外观（一）

（d）防火玻璃墙外观（二）

图 2–6　防火玻璃墙构造和外观

为夹丝防火玻璃和夹层防火玻璃等复合型玻璃，C 类防火玻璃多为单片防火玻璃或夹层防火玻璃。在 C 类防火玻璃中，高硼硅防火玻璃、夹层防火玻璃在受火和高温作用后的完整性能表现更好，但夹层防火玻璃常会出现光学畸变、夹层起泡、耐候性不稳定等情况。

隔热性防火玻璃墙采用 A 类防火玻璃，可在一定时间内满足耐火稳定性能、耐火完整性能和耐火隔热性能的要求。当采用 A 类防火玻璃组成防火玻璃墙，并同时满足耐火隔热性能和耐火完整性能的要求时，防火玻璃墙可以达到与防火隔墙同等的分隔效果。非隔热性防火玻璃墙采用 C 类防火玻璃，在一定时间内只能满足耐火稳定性能和耐火完整性能的要求。当采用 C 类防火玻璃组成防火玻璃墙时，因所用防火玻璃不满足耐火隔热性能的要求，大部分情况需要设置自动喷水灭火系统、水幕系统、细水雾灭火系统等对防火玻璃墙进行冷却保护，通过喷水降温来阻止热辐射作用透过防火玻璃墙体，防止火灾蔓延至该分隔墙体的另一侧。因此，当可以确定在设置防火玻璃墙部位的另一侧不存在因热辐射作用导致火灾蔓延的危险性时，非隔热性防火玻璃墙可以不设置防护冷却水系统保护。例如，在中庭与其周围连通区域之间的防火分隔处采用C类防火玻璃构成的防火隔墙分隔，当在中庭内不存在任何可燃物或可燃物数量很少且呈离散分布，或在可燃物数量较少并提高防火玻璃墙的耐火完整性能时，该防火隔墙可以不设置自动喷水灭火系统等防护冷却水系统。

由于防火玻璃墙在受到火焰或高温作用时，其支承框架与防火玻璃的受热变形大小不同、玻璃软化时还会受到重力作用发生挠曲，因此防火玻璃墙的耐火性能高低还与所用防火玻璃的尺寸大小、防火玻璃的线性热膨胀系数、软化温度相关。对于相同性能的防火玻璃，尺寸较大的防火玻璃在受热达到软化温度后受到向下的重力作用要大于尺寸较小的防火玻璃，软化后下拉变薄和下坠的速率更大，因而表现出更短的耐火时间；线性热膨胀系数越大的玻璃，受热后发生爆裂破坏的概率越大。根据国家标准《建筑用安全玻璃　第1部分：防火玻璃》GB 15763.1—2009的规定，防火玻璃墙的耐火性能测定要求采用1∶1比例的足尺试件进行试验，大尺寸玻璃的试验结果可以覆盖小尺寸玻璃的试验结果，但小尺寸玻璃的试验结果不能覆盖和代表大尺寸玻璃的试验结果。因此，在相同的受火试验条件下，由大尺寸防火玻璃构成的防火玻璃墙，其耐火完整性能低于同样大小墙体由小尺寸防火玻璃构成的防火玻璃墙的耐火完整性能，耐火隔热性能差别不大。因此，不加应用条件地论及防火玻璃墙的耐火极限高低是不可靠的。在实际工程应用中，要注意根据防火分隔部位的宽度和高度及可能受到的火灾作用情况，选用合理尺

寸的防火玻璃和镶嵌框架构造防火玻璃墙。

当前，在我国市场上常见的防火玻璃主要有 A 类灌浆复合防火玻璃、单片铯钾防火玻璃、单片高硼硅防火玻璃和 C 类复合防火玻璃。

铯钾防火玻璃是通过将钠钙硅防火玻璃在高温铯钾溶液中浸泡一定时间（一般不少于 24h）等特殊化学处理方法进行离子交换，以铯、钾离子置换半钠离子，并通过物理处理后，在玻璃表面形成更高强度的压应力，提高玻璃的抗热性、抗冲击强度和安全性能。铯钾防火玻璃具有高强度、高耐候性、在紫外线及火焰作用下通透性变化小等特点，属于 C 类防火玻璃。铯钾玻璃的基材为钠钙硅玻璃。钠钙硅玻璃的膨胀系数为 9.5×10^{-6}/K，单片铯钾防火玻璃的高温软化点为 720℃左右，密度为 2.5g/cm^3。铯钾防火玻璃主要用于耐火时间不高于 1.00h 且尺寸较小的防火分隔情形。

硼硅酸盐玻璃是以 SiO_2、B_2O_3、Al_2O_3、Na_2O 为基本构成组分的玻璃，当组分中 SiO_2>78%、B_2O_3>10% 时，为高硼硅玻璃。高硼硅防火玻璃是一种采用高硼硅玻璃制成的防火玻璃，具有较高的耐火性能，能够在高温下保持稳定，不会变形或破裂；此外，还具有超高的机械强度、容重较普通钢化玻璃小和优良的耐化学腐蚀等特性，可见光透过率可达 92%。相同体积的单片高硼硅防火玻璃，其质量比普通玻璃小 8% 以上。单片高硼硅防火玻璃的高温软化点为 850℃，线性热膨胀系数为 4×10^{-6}/K，密度为 2.28g/cm^3。不同时间耐性完整性能的单片高硼硅防火玻璃的厚度大致为：耐火时间不低于 2.00h，厚度为 5~6mm；耐火时间不低于 3.00h，厚度不小于 8mm。

夹丝防火玻璃是在两层钢化玻璃之间的胶粘剂夹层中加入金属丝、金属丝网，或者将普通平板玻璃加热到软化状态时，将预热处理过的金属丝或金属丝网压入玻璃中间而制成的复合玻璃。在两层玻璃之间或在玻璃中加入金属丝、网后，提高了玻璃的整体抗冲击强度和玻璃的防炸裂性能，具有一定的耐火完整性能，且在受高温作用后不炸裂，破碎时不会造成碎片伤人，但透光性受一定影响，其耐久性能受玻璃之间的填充剂的性能影响。不同时间耐性完整性能的C类复合防火玻璃的厚度大致为：耐火时间不低于1.00h，厚度不小于25mm；耐火时间不低于1.50h，厚度不小于35mm；耐火时间不低于2.00h，厚度不小于45mm；耐火时间不低于3.00h，厚度不小于65mm。

单片铯钾防火玻璃、单片高硼硅防火玻璃的价格约为相同规格钢化玻璃的5~8倍。在我国，耐火极限不低于1.00h的防火玻璃墙在中庭的防火分隔中应用比较普遍，目前大多采用非隔热性防火玻璃墙配合自动喷水灭火系统保护的防火分隔方式。但实际上，该部位的非隔热性防火玻璃墙是否需要设置自动喷水灭火系统等防护冷却水系统保护，值得探讨。在中庭周围用于防火分隔的防火玻璃墙是否需要采用防护冷却水系统保护，可以根据相应防火分隔部位的防火分隔目标，综合有关防火分隔措施的可靠性、分隔部位两侧的火灾强度及其持续时间、火灾后果等因素合理确定。

2.3.5 钢化玻璃墙

钢化玻璃（有的称高应力防火玻璃）是将普通玻璃加热到600℃后再冷却，在其表面和内部形成一定应力后的玻璃，是一种预应力增强性安全玻璃。钢化玻璃的高温热稳定性能好，在受急冷急热时不易发生炸裂，具有良好的耐热冲击性能，其最大安全工作温度为 288℃，能承受 204℃的温差变化。此外，钢化玻璃的硬度、抗冲击强度、弹性均比普通玻璃大，在玻璃受外力作用发生破坏时，会形成类似蜂窝状的钝角碎小颗粒碎片，不易对人体造成大的伤害。钢化玻璃克服了防火玻璃，尤其是复合防火玻璃的不足，具有优良的机械性能和热稳定性能，广泛应用于建筑中的门窗、幕墙及橱窗等，但钢化玻璃高温的耐火时间较短，且要求玻璃表面不能出现划痕，不允许出现爆边、裂纹等，对镶嵌框架有更高的要求，存在一定的自爆现象，使其用于防火分隔时的可靠性受到影响，在应用中需要慎重对待。

采用钢化玻璃构造的隔墙是否可以用于防火分隔，国内一些研究机构做过部分研究。英国等国家在标准中明确规定在中庭内允许采用钢化玻璃用于烟气控制。

1. 钢化玻璃墙受自动喷水灭火系统保护时的热作用效应数值模拟研究

原公安部天津消防研究所采用 FDS 火灾动力学模拟软件，分析计算了钢化玻璃墙在自动喷水灭火系统保护下，钢化玻璃的背火面温度和辐射热通量①。模拟着火房间的尺寸为 12.0m × 4.5m × 3.5m（长 × 宽 × 高），火源为木垛火，火源位置为着火房间中部且靠近钢化玻璃墙处，水平距离钢化玻璃 0.1m，火源面积为 0.5m × 1.3m。火源的热释放速率按 t^2 快速火

① 公安部天津消防研究所 . 自动喷水系统冷却保护下钢化玻璃作为防火分隔物的可行性试验研究报告［R］. 2011.

（α=0.046 89kW/s^2）增长，最大热释放速率设定为2WM，并设定火源的热释放速率在达到最大值后保持不变。在模拟计算时，将火源附近的网格划分为0.1m×0.1m×0.1m，其他区域的网格尺寸为0.2m×0.2m×0.2m。图2–7为计算模型图，表2–1为钢化玻璃在自动喷水灭火系统保护下的数值模拟火灾场景汇总。

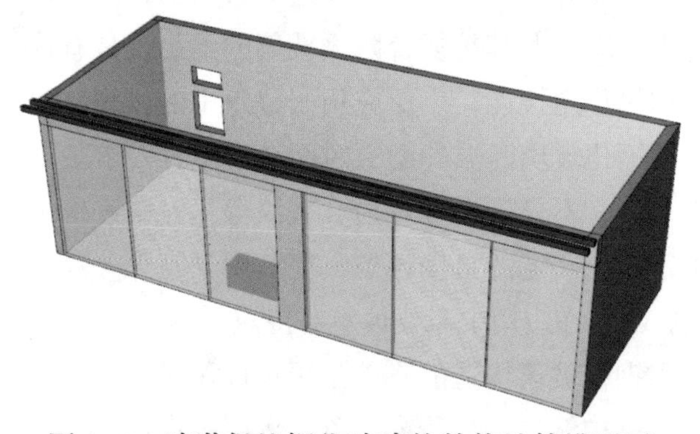

图2–7　喷淋保护钢化玻璃的数值计算模型图

表2–1　钢化玻璃在自动喷水灭火系统保护下的数值模拟火灾场景汇总表

序号	火灾场景	火源位置	自动喷水灭火系统用喷头类型	房间内的自动喷水灭火系统和排烟系统的有效性	备注
1	A1	房间中部，水平距离钢化玻璃0.1m	边墙型喷头	失效	模拟用边墙型喷头保护的情况
2	A2		窗式喷头	失效	模拟用窗式喷头保护的情况
3	A3		无	失效	模拟无自动喷水灭火系统保护的情况

根据模拟分析计算结果，得到以下结论：

（1）当钢化玻璃墙受到自动喷水灭火系统保护时，在火灾场景 A1 和 A2 中，洒水喷头可以分别在火源开始燃烧后 17s 和 19s 启动喷水，并在钢化玻璃表面形成布水帘面。由于分布在玻璃表面上的水流不断带走热量而使钢化玻璃的温度得到较好控制，不会导致钢化玻璃破裂。

对比钢化玻璃迎火面在边墙型喷头和窗式喷头保护下的温度场，当采用窗式喷头保护时，其布水效果更好，钢化玻璃也能获得较好的保护效果，钢化玻璃迎火面的温度分布较为均匀且温度较低，最高温度约为 52℃；当采用边墙型喷头保护时，会在钢化玻璃上部角落边沿形成一定的盲区，该区域的玻璃表面温度最高，最高温度约为 95℃。

（2）当钢化玻璃墙未受到自动喷水灭火系统保护时，距离火源最近的钢化玻璃表面的温度将会迅速上升。钢化玻璃由于受火焰直接灼烧及热辐射的作用，其迎火面的温度分布云图与火焰形状相似，且温度上升很快。在火源开始燃烧后 5min 内，钢化玻璃迎火面的最高温度可达到 300℃以上；在火源开始燃烧后约 516s（8.6min），钢化玻璃迎火面的温度上升至约 350℃，达到设定的钢化玻璃破裂温度，钢化玻璃发生破裂。钢化玻璃迎火面温度计算结果见图 2–8。钢化玻璃破碎时，在房间内距离火源 2m 位置处的辐射热通量约为 13kW/m^2；在钢化玻璃破裂前，水平距离钢化玻璃背火面 3m 处的辐射热通量约为 5kW/m^2；在钢化玻璃破裂后，水平距离钢化玻璃背火面 3m 处的辐射热通量约为 6kW/m^2。当保护钢化玻璃墙的自动喷水灭火系统有效时，水平距离钢化玻璃背火面 3m 处的辐射热通量为 1.7kW/m^2。

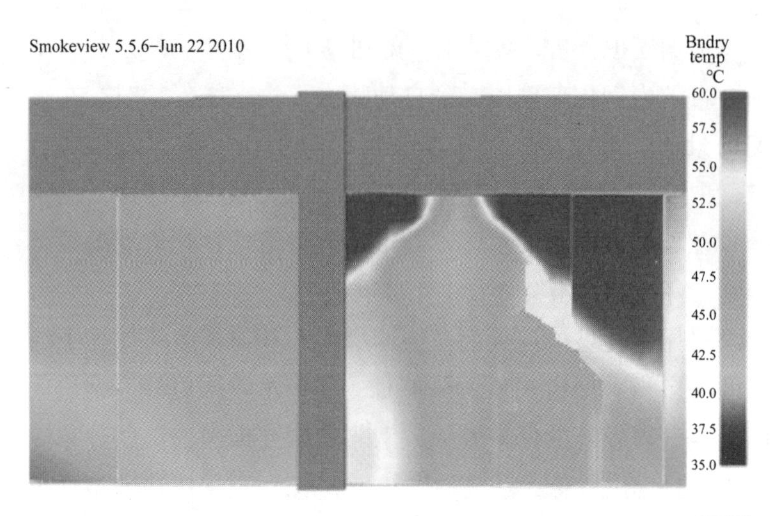

（a）A1场景钢化玻璃迎火面的温度分布

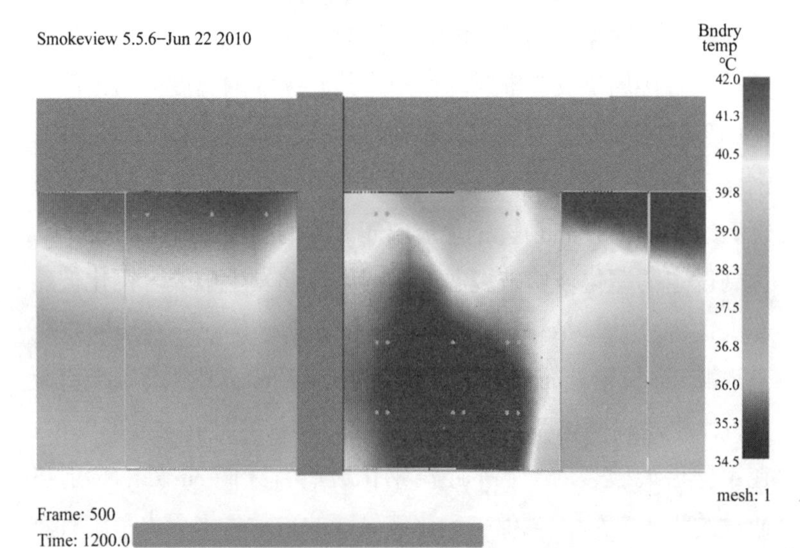

（b）A2场景钢化玻璃迎火面的温度分布

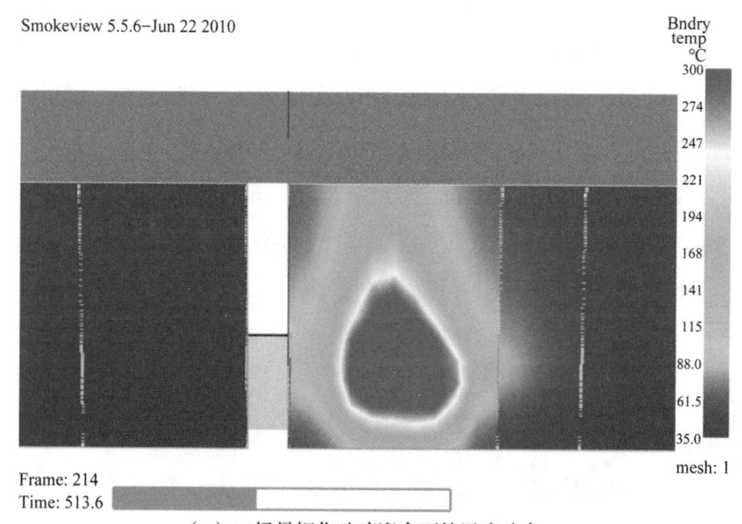

（c）A3场景钢化玻璃迎火面的温度分布

图 2–8 钢化玻璃迎火面的温度数值计算结果

注：温度分布图由 Smokeview 软件绘制，下同。

因此，自动喷水灭火系统冷却形成的水帘可以有效阻隔热量向钢化玻璃的背火面传导，能有效降低钢化玻璃背火面的温度和辐射热通量。

2. 钢化玻璃墙受自动喷水灭火系统保护时的热作用效应实体火灾模拟试验研究

为验证自动喷水灭火系统对钢化玻璃墙的保护效果，原公安部天津、四川消防研究所均开展过相关实体火灾模拟试验[①]。

① 倪照鹏，路世昌，赖建燕，等．自动喷水冷却系统保护下钢化玻璃作为防火分隔物可行性试验研究［J］．火灾科学，2011，20（03）：125–132.

原公安部天津消防研究所分别采用木垛火、油类火和织物火模拟不同类型建筑场所的火灾，对厚度分别为8mm和10mm的钢化玻璃开展了耐火性能实体火灾模拟试验。试验用房间的尺寸为12.0m×4.5m×3.5m（长×宽×高），火源分别为130cm×100cm×80cm(长×宽×高）的木垛火、1.5m×1.5m×0.25m（长×宽×高）的汽油油盘火、服装火。服装火场景参照服装商店摆放各类服装，在试验房间中部共放置7个衣架，每个衣架悬挂约20件衣服，其余衣服均匀放置在边墙中部和下部的木板上，房间内的服装总重量为344kg。

在试验研究中，选择普通边墙型喷头、窗式喷头、高压细水雾喷头3种喷头先进行了预备性布水冷喷试验。钢化玻璃墙在冷喷试验时的布水效果见图2–9。冷喷试验结果表明：

（1）当喷头工作压力为0.1MPa时，可在钢化玻璃表面获得较好的布水效果。其中，窗式喷头在钢化玻璃表面的布水密度均匀、稳定，且布水可以覆盖全部玻璃表面；当继续增大喷头的工作压力时，虽然水量增加，但布水效果改善不明显。

（2）当喷头的溅水盘与玻璃上沿平齐时，布水效果较好，能够满足对钢化玻璃的冷却防护要求。

（3）在这3种喷头中，窗式喷头的冷却保护效果最好，普通边墙型喷头会在钢化玻璃上沿左右两侧角落产生布水盲区，高压细水雾喷头不能在钢化玻璃表面形成均匀的保护面。

（a）普通边墙型喷头

（b）窗式喷头

（c）高压细水雾喷头

图 2–9　不同类型喷头布水冷喷试验效果

随后进行的热喷试验结果（图 2–10 和图 2–11）表明：

（1）当不设置自动喷水灭火系统保护时，12mm 厚度的钢化玻璃在木垛火作用下会在火源开始燃烧后 4~7min 发生变形，在 15~24min 时发生破裂。钢化玻璃发生变形时，其迎火面的温度为 300~350℃，迎火面与背火面的温差为 250~300℃。钢化玻璃的变形随温度升高而加剧，最后发生破裂。当钢化玻璃与支承框架之间有足够空隙时，12mm 厚度的钢化玻璃可以承受 750℃的表面高温和 500℃的迎火面与背火面温差。

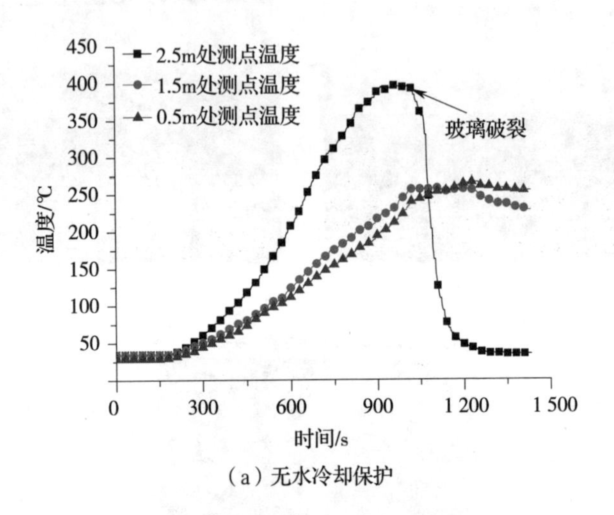

（a）无水冷却保护

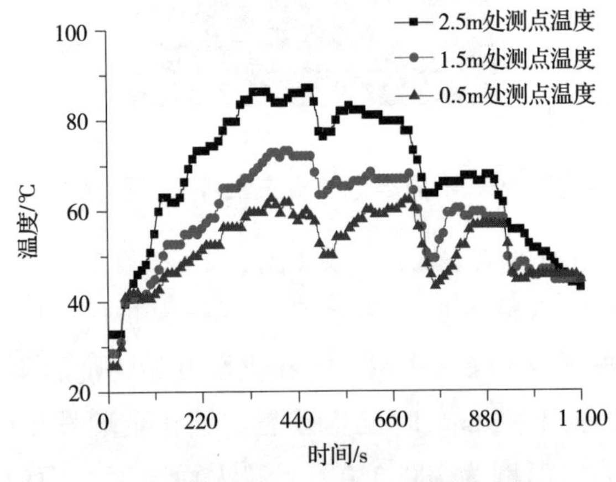

（b）有普通自动喷水灭火系统洒水喷头保护

图 2–10 无水冷却保护和有普通自动喷水灭火系统洒水喷头保护下的玻璃外表面温度对比

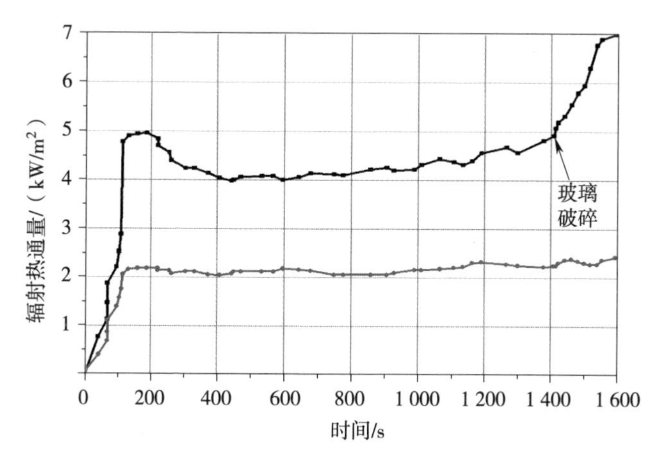

图 2-11　距离钢化玻璃背火面 3m 处的辐射热通量（木垛火）

（2）当设置自动喷水灭火系统保护时，洒水喷头在火源开始燃烧后 10~60s 启动。此时，钢化玻璃迎火面的表面温度从 80~120℃迅速降低至 60℃左右，背火面的表面温度从 70~100℃降低至 50~60℃。因钢化玻璃表面上的水受火源和热烟气的加热作用逐渐蒸发，迎火面与背火面的表面温度均呈现出上部温度较低、中下部位温度较高的情形，但均降低至 70℃以下，并维持该温度不再升高。钢化玻璃在自动喷水灭火系统的持续作用下，未因温度过高而发生破坏，并且由于钢化玻璃背火面的温度低，也不会引燃钢化玻璃背火面的可燃物。

原公安部四川消防研究所采用木垛火对 15mm 厚度的单片钢化玻璃开展了类似的实体火灾模拟试验[①]。试验结果显

① 刘志，侯军祥，倪照鹏 . 中庭防火分隔方式的探讨［J］. 消防科学与技术，2009，28（02）：101-103.

示：当钢化玻璃迎火面温度达到56.2℃时，洒水喷头开始动作并喷水，钢化玻璃表面的温度迅速降至10~15℃，说明窗式喷头具有较好的布水效果，能在钢化玻璃窗表面形成一层水膜，其冷却作用能使钢化玻璃保持良好的完整性，未因温度骤降而出现钢化玻璃破裂的现象。

因此，无水冷却保护措施的钢化玻璃墙难以满足建筑中有关防火分隔部位的耐火完整性能要求，不能满足其耐火隔热性能要求；钢化玻璃墙采用防护冷却水系统保护时，能使钢化玻璃保持完整性，大幅降低钢化玻璃背火面的温度，从而起到防止火灾和烟气蔓延的作用。

3. 采用自动喷水灭火系统保护的钢化玻璃墙在中庭防火分隔中的应用

美国消防协会标准 NFPA 101—2024 *Life Safety Code* 第8.6.7条规定，中庭与其周围连通空间之间防火分隔的耐火极限不应低于1.00h。当所在建筑全部设置自动喷水灭火系统保护，且中庭为低火灾危险性的场所时，该防火分隔可以采用受自动喷水灭火系统保护的钢化玻璃墙、夹丝玻璃墙和夹层玻璃墙。该标准还明确了采用玻璃墙分隔时对自动喷水灭火系统和玻璃墙等的具体技术要求。例如，在正常情况下，需要在玻璃墙的正反两侧设置自动喷水灭火系统冷却防护，但在面向低火灾危险性的中庭一侧可以不设置自动喷水灭火系统冷却防护。

我国国家标准《建筑设计防火规范》GB 50016—2014（2018年版）第5.3.2条规定，当中庭与其周围连通空间之间的防火分隔采用玻璃墙时，应采用防火玻璃，且防火玻璃墙的耐火隔热性能和耐火完整性能均不应低于1.00h。当防火玻

璃墙采用非隔热型防火玻璃时，防火玻璃墙应采用自动喷水灭火系统保护，墙体的耐火完整性能不应低于 1.00h。

根据我国上述有关研究成果和国内外相关标准的规定，当在中庭内不布置可燃物，与中庭连通的周围空间中一些火灾蔓延风险较小的防火分隔部位，采用受自动喷水灭火系统等防护冷却水系统保护的钢化玻璃墙分隔，是一种较为可行的中庭防火分隔措施，有时比采用防火玻璃墙或防火卷帘分隔更经济、效果更好。但是，当中庭与其周围连通空间之间的防火分隔采用受自动喷水灭火系统等防护冷却水系统保护的钢化玻璃墙时，需要满足下列要求：

（1）用于保护钢化玻璃墙的自动喷水灭火系统应采用独立的管网和泵组，并宜采用水幕喷头。

（2）洒水喷头的工作压力不应小于 0.1MPa，喷水强度不应小于 0.5L/（s・m），洒水喷头的溅水盘与顶棚距离应为 150~300mm，洒水喷头之间的间距应为 1.8~2.0m，洒水喷头与钢化玻璃的水平距离不应大于 300mm。

（3）洒水喷头应选用窗式喷头或普通边墙型喷头。采用普通边墙型喷头时，需适当减小洒水喷头的安装间距，并采用 RTI 为 50（m・s）$^{1/2}$ 的快速响应喷头。

（4）单片钢化玻璃的厚度不应小于 12mm，单片钢化玻璃的高度不宜大于 4m。

（5）自动喷水灭火系统的持续喷水时间不应小于所在防火分隔部位的设计耐火时间，且不应小于 1.0h。

（6）根据单片钢化玻璃的尺寸大小和支撑框架的材质，控制钢化玻璃门上方、竖向和下部的缝隙宽度，并合理确定相邻两片钢化玻璃之间、钢化玻璃与镶嵌框架之间、钢化玻璃门与镶嵌框架之间的缝隙宽度，采用不燃或阻燃密封胶填塞缝隙。其中，钢化玻璃门上方、竖向的缝隙宽度不宜大于10mm，下部的缝隙宽度不宜大于15mm，钢化玻璃门与镶嵌框架之间的缝隙宜为5~8mm。

2.3.6 防火分隔水幕系统

防火分隔水幕系统由开式洒水喷头或水幕喷头、雨淋报警阀组或感温雨淋阀、水流报警装置（水流指示器或压力开关）等组成，是一种通过喷头密集喷洒出水形成水墙或水帘，起阻火、冷却、隔离作用的自动喷水灭火系统。该类系统可以用于建筑中难以采用防火墙、防火隔墙、防火卷帘等进行防火分隔的部位。例如，工业厂房中不能中断的生产线在跨越防火分区的防火分隔处、中庭楼地面层与其周围区域之间的人行通道处。

原公安部天津消防研究所曾开展过有关防火分隔水幕系统的防火分隔效果实验[①]，主要测试了在国家标准《自动喷水灭火系统设计规范》GB 50084—2017 规定的防火分隔水幕系统参数作用下，防火分隔水幕系统的防火隔热性能，见图 2-12。实验采用长 4m、宽 1m 的方形正庚烷油盘作为火源，火源的最大热释放速率约 8MW；防火分隔水幕系统的喷头安装高度为 12m，喷水强度为 2.0L/（s·m），系统最不利点喷头处的设计工作压力为 0.08MPa；在实验时，油盘点火预燃 2min 后启动水幕。

① 杨丙杰，倪照鹏，尹亮，等. 大空间场所防火分隔水幕应用技术试验研究［J］. 给水排水，2018，54（05）：70-73.

图 2–12　高大空间防火分隔水幕实验

图 2–13 显示了水平距离系统供水干管 4m、7m 和 8m 位置处的辐射热通量变化情况。从图 2–13 可以看出，在防火分隔水幕系统启动前，水平距离系统供水干管 4m、7m 和 8m 位置处的最大辐射热通量分别为 4.14kW/m^2、2.45kW/m^2 和 2.31kW/m^2；防火分隔水幕系统启动后，相应位置处的辐射热通量分别降至约 1.33kW/m^2、0.67kW/m^2 和 0.53kW/m^2，降幅分别为 67.8%、72.7% 和 77.1%。由此可见，防火分隔水幕系统具有良好的防火隔热性能。此外，防火分隔水幕还具有冲刷烟气的效果，可以稀释烟气浓度，并阻止烟气蔓延。但是，与防火隔墙、防火玻璃墙等实体分隔措施相比，考虑到火风压的作用，防火分隔水幕的防烟能力较弱，尤其是当顶部存在喷头布水密度较小的空隙时，可能会有部分烟气穿过防火分隔水幕。

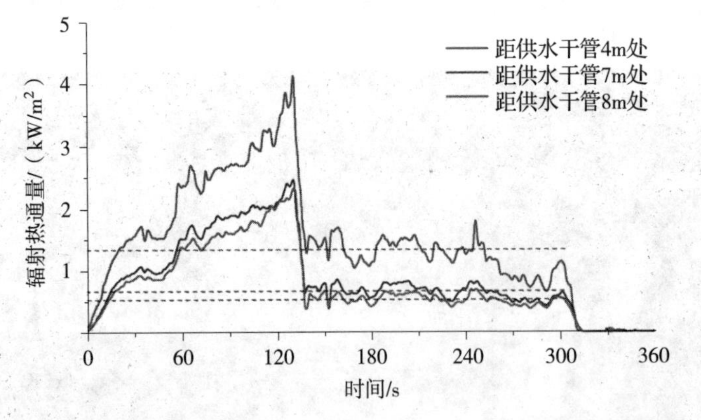

图 2–13　距离供水干管 4m、7m 和 8m 处的辐射热通量变化

尽管防火分隔水幕在建筑正常使用时不会影响建筑的空间连续性和空间视觉效果，可以在建筑中用于防火分隔，但是需要防火分隔水幕在动作后能够形成足够喷水强度和一定厚度的水幕，用水量较大。根据国家标准《自动喷水灭火系统设计规范》GB 50084—2017 第 7.1.16 条的规定，水幕的宽度不应小于 6m。采用水幕喷头时，喷头不应少于 3 排；采用开式洒水喷头时，喷头不应少于 2 排。该标准第 5.0.14 条规定了防火分隔水幕系统在喷头设置高度不大于 12m 和开口尺寸不大于 15m×8m（宽 × 高）时的应用参数；该标准第 4.3.3 条规定防火分隔水幕系统不宜用于尺寸大于 15m×8m（宽 × 高）的开口。一般来说，防火分隔水幕的喷水强度不应小于 2L/（s·m），持续喷水时间不应小于防火分隔部位所需耐火时间，即在防火分区的分隔部位不应小于 3.0h，在中庭的其他防火分隔部位不应小于 1.0h。由于防火分隔水幕系统用水量大，可能产生较严重的水渍损害，会在系统启动后导致较大的次生财产损失，因此设置防火分隔水幕系统的建筑需要重视在系统作用时的排水措施。

对于中庭，当中庭与周围连通区域之间的防火分隔采用防火分隔水幕时，需要仔细分析分隔部位的开口尺寸、开口两侧区域可能的可燃物分布状态及其火灾特性。在正常情况下，防火分隔水幕适合用于办公建筑、学校教学楼等火灾危险性较小的建筑内中庭的防火分隔；当用于商店建筑、旅馆建筑等火灾危险性较高的建筑内中庭的防火分隔时，需要深入分析应用部位两侧的火灾危险性和可能的火灾特性等因素，谨慎决策。

2.3.7　其他可用于中庭防火分隔的措施

1. 在中庭周围设置回廊

为便于人员通行和交流，充分发挥中庭作为共享空间的作用，大多数建筑会在各层中庭周围设置回廊，俗称走马廊，见图 2–14。回廊一侧直接与中庭连通，另一侧与建筑内的房间或厅室（如客房、办公室、教室、营业厅、商铺）等连通，宽度多为 1.8~4m。

中庭回廊凸出与中庭连通区域的分隔墙体，且具有一定宽度，可以起到类似防火挑檐阻止火灾竖向蔓延的作用。国家标准《建筑设计防火规范》GB 50016—2014（2018 年版）第 5.3.6 条规定，有顶棚的商业步行街应在每层面向步行街一侧的商铺设置一定高度的实体墙或一定宽度的防火挑檐等防止火灾竖向蔓延的措施，并规定采用回廊或防火挑檐时，回廊或防火挑檐的出挑宽度不应小于 1.2m。尽管此条规定的商业步行街所在空间不属于中庭，但该回廊所起作用与中庭周围的回廊所起作用是相同的。该标准第 5.4.10 条规定，与其他非住宅功能合建的住宅建筑，在建筑外墙开口位置的上下楼层位置处要求采用防火挑檐、窗间墙等防止火灾竖向蔓延。

图 2–14　中庭周围设置回廊

防火挑檐是防止火灾通过建筑外立面在建筑的上、下层间蔓延，并具备一定耐火性能的建筑防火构造。关于防火挑檐阻止火灾竖向蔓延的效果，原公安部天津消防研究所曾开展过相关试验[①]。试验搭建了一座 2 层高的建筑，在第一层摆放了 1 个尺寸为 1.5m × 1.5m × 0.25m（长 × 宽 × 深）的方形油盘，使用汽油作为燃料，火源的热释放速率约为 5MW。在第一层与第二层外墙上的开口之间设置 0.6m 高的实体墙，使用长度不同的钢板模拟防火挑檐，出挑宽度分别为 0.2m、0.5m、0.8m、1.0m、1.2m。图 2–15 显示了试验中火焰在不同出挑宽度的防火挑檐下的形态。可以看出，当未设置防火挑檐时，火焰将沿着外墙向上伸展；当设置防火挑檐时，火焰从窗口喷出后受到防火挑檐的遮挡，先沿防火

（a）无防火挑檐

（b）防火挑檐
出挑宽度为0.2m

（c）防火挑檐
出挑宽度为1.0m

图 2–15　试验火焰在防火挑檐不同出挑宽度下的形态

① 公安部天津消防研究所 . 火灾沿建筑外墙蔓延的特性研究报告［R］. 2011.

挑檐横向伸展后再向上发展，使火焰距离墙体表面更远，且随防火挑檐的宽度增加，火焰与墙体表面之间的水平距离也增加。

图 2–16、图 2–17 和表 2–2 显示了防火挑檐在不同出挑宽度情况下，在第二层外窗处的温度和辐射热通量。随着防火挑檐出挑宽度的增加，火焰水平距离上一楼层的外窗越远，相应窗口处的温度和辐射热通量均降低。与无防火挑檐相比，增设足够出挑宽度的防火挑檐可以使上一楼层外窗处的温度和辐射热通量明显下降；但当防火挑檐的出挑宽度大于 0.5m 时，继续增加出挑宽度，上一楼层外窗处的温度和辐射热通量下降幅度减小。当防火挑檐的出挑宽度为 0.2m 时，上一楼层房间内距离外窗 0.8m 处的辐射热通量小于 10kW/m^2，即小于常见可燃物的临界引燃辐射热通量；当防火挑檐的出挑宽度为 0.5m 时，上一楼层外窗处的温度降低至普通玻璃的破坏温度（250℃）以下。

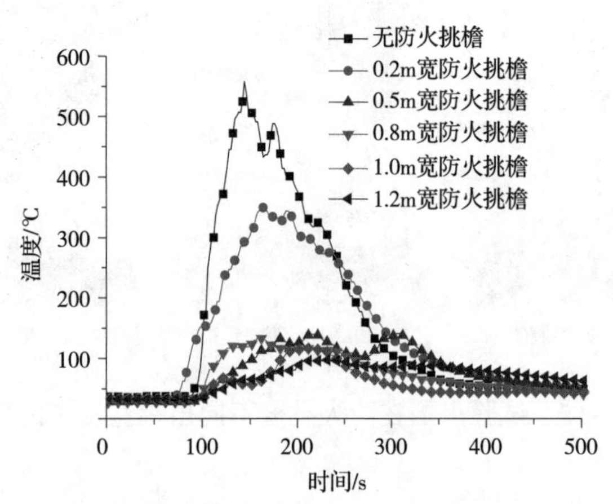

图 2–16　防火挑檐在不同出挑宽度下二层窗口下沿的温度变化曲线

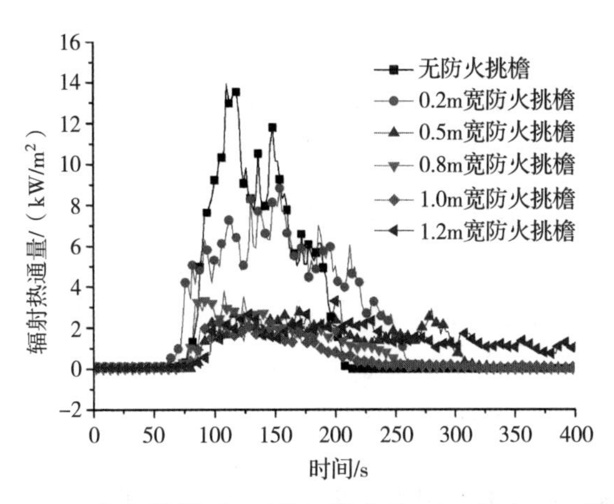

图 2–17 防火挑檐在不同出挑宽度下二层窗口下沿的辐射热通量变化曲线

表 2–2 防火挑檐在不同出挑宽度下上一楼层外窗处的最高温度和最大辐射热通量

序号	防火挑檐的出挑宽度 /m	最高温度 /℃	辐射热通量最大值 /（kW/m²）
1	0	558	13.9
2	0.2	350	8.8
3	0.5	142	3.0
4	0.8	135	3.8
5	1.0	117	3.3
6	1.2	98	2.3

根据上述研究结果可见，在中庭周围设置回廊，并在回廊上无可燃物时，回廊可以使火焰和高温烟羽流远离上一楼层的分隔墙体，降低热辐射作用，较好地阻止了火灾竖向蔓延。

2. 空间间隔

在一个空间内，当可燃物呈连续状态布置时，该空间内的火灾蔓延将主要通过延烧方式进行；当可燃物呈离散状态布置时，热辐射和热对流作用将成为促使火灾在室内蔓延的重要方式。在美国国家防火研究基金会（NFPRF）提出的火灾风险评估方法中，列出了不同燃烧特性材料对应的引燃辐射热通量，见表 2–3[①]。其中，引燃窗帘、纸张等易燃物品所需最小辐射热通量为 10kW/m^2。

表 2–3　材料点燃能力及对应的临界辐射热通量

可燃材料的点燃能力	临界辐射热通量 /（kW/m^2）	
	范围	常用值
薄窗帘、报纸等易被点燃的材料	≤ 14.1	10
带软垫的家具等可常规被点燃的材料	14.1~28.3	20
厚木材等难被点燃的材料	>28.3	40

基于上述火灾蔓延原理，当不允许在中庭内布置可燃物时，如果中庭相对面的水平净距足够大，理论上可以认为即使中庭内的防火分隔设施失效，中庭一侧的火灾也不会通过中庭蔓延至中庭的另一侧；当允许在中庭内布置可燃物时，火灾既可能因延烧，又可能因热辐射等作用而发生蔓延，情况较复杂，需要综合中庭的形状、中庭内可燃物的分布情况和对火反应特性等因素确定。国家标准《建筑设计防火规范》

① 公安部天津消防研究所 . 火灾沿建筑外墙蔓延的特性研究报告［R］.2011.

GB 50016—2014（2018 年版）规定了不允许在中庭内布置可燃物时的防火分隔方式，但没有明确中庭相对面的最小间距和中庭的横截面大小，也未明确中庭及其周围的防火分隔是否可以采用空间间隔的方式以及这种分隔方式的具体技术要求。

实际上，采用空间间隔（常被称为“防火隔离带”）作为一种防火分隔措施，在现行国家有关工程建设消防技术标准中有所体现。在不同时期的国家标准《建筑设计防火规范》GB 50016 等标准中就将此方法用于建筑之间的防火，即防火间距；在北京市地方标准《站城一体化工程消防安全技术标准》DB 11/ 1889—2021 中亦有所体现。在实际工程中空间间隔被用于建筑内不同防火分区之间的防火分隔，如已建成的一些大型高铁车站候车厅和大型会展中心的展览厅中不同防火分区之间的分隔。因此，基于火灾的蔓延方式和机理，空间间隔在一定条件下可以用于建筑室内和室外不同区域之间的防火分隔。下面将针对空间间隔用于建筑内的防火分隔及其应用条件进行讨论。

（1）火焰热辐射作用强度的工程计算方法。

根据火灾动力学原理，距离火源中心 R 处可能受到的火源辐射热通量与火源热释放速率的关系可以用公式（2–1）表达，辐射热通量计算位置与火源中心的水平距离也可以采用公式（2–2）[①] 计算：

① R.W. Bukowski，F.B. Clarke，J.R. Hall，et al. Fire Risk Assessment Method：Description of Methodology［R］. National Fire Protection Research Foundation，Quincy，MA，1990.

$$R=\left(\frac{\dot{Q}}{12\pi\dot{q}''}\right)^{1/2} \tag{2-1}$$

$$R=r+L \tag{2-2}$$

式中：R——辐射热通量计算位置与火源中心的水平距离（m）；

$\dot{Q}$——火源的热释放速率（kW）；

$\dot{q}''$——可燃物的临界引燃辐射热通量（kW/m^2），根据表2–3取值；

r——火源的等效半径（m）；

L——可燃物与火源边界的距离（m）。

（2）中庭相对面的间距对阻止火灾蔓延的作用。

采用消防安全工程领域常用的火灾动力学模拟软件FDS，选择通常设置中庭且火灾荷载较高的商业综合体中建筑面积分别为$200m^2$（20m×10m）、$300m^2$（30m×10m）、$400m^2$（40m×10m）的商铺，计算在商铺内发生火灾时，中庭中距离火源不同位置处的辐射热通量，以判断火灾是否能够通过热辐射作用蔓延至中庭对面的商铺。为此，根据消防安全工程学的基本方法和国家标准《消防安全工程　第4部分：设定火灾场景和设定火灾的选择》GB/T 31593.4—2015确定了相应的设定火灾场景，见表2–4。其中，火灾的热释放速率与火灾发展时间的平方成正比[①]，即：

$$Q=\alpha(t-t_0)^2 \tag{2-3}$$

式中：Q——火灾的热释放速率（kW）；

① 公安部天津消防研究所.建筑物性能化防火设计技术导则［R］.国家十五重点科技攻关项目专题四研究报告，2004.

α——火灾增长系数（kW/s^2）；

t——火灾有效燃烧发生后的时间（s）；

t_0——开始有效燃烧所需时间（s），通常不考虑火灾达到有效燃烧所需时间，仅考虑火灾开始有效燃烧后的情况，t_0 可取 0。

表 2–4　设定火灾场景汇总

设定火灾场景	商铺的建筑面积 /m^2	商铺与中庭的防火分隔情况	火灾增长系数 /（kW/s^2）	最大热释放速率 / MW
1	200	有防火分隔，门开启	0.046 89	13.6
2	300			16.9
3	400			20.2
4	200	无防火分隔		20.0

1）火灾增长模型。中庭两侧商铺内的可燃物主要为出售的商品、货架及休闲座椅。参考美国国家标准技术研究院（NIST）和原公安部天津消防研究所有关可燃物的火灾增长系数试验结果，设定商铺内的火灾为快速发展火，火灾增长系数取 0.046 89kW/s^2。

2）火灾的最大热释放速率。当自动喷水灭火系统失效时，如考虑商铺与中庭之间采取了有效的防火分隔措施，商铺设置两处门并处于开启状态（每处门口的尺寸均为 1.8m × 2.1m），火灾可能发生轰燃。轰燃后的火灾热释放速率受通风口大小和位置的影响，表现为通风控制型燃烧。轰燃后的火灾热释放速率可以利用托马斯轰燃公式计算，该公式是在室内火灾轰燃试验的基础上得到的经验公式[①]：

$$Q_f=7.8A_t+378A_wH_w \tag{2-4}$$

式中：Q_f——轰燃时的火灾热释放速率（kW）；

A_t——着火房间的内表面积（m^2）；

A_w——通风口的开口面积（m^2）；

H_w——通风口的高度（m）。

根据公式（2-4）可计算出建筑面积分别为 $200m^2$、$300m^2$、$400m^2$ 的商铺发生轰燃时的火灾热释放速率分别约为 9.1MW、11.3MW、13.5MW。如考虑不可预测因素的补偿，取系数为 1.5，则上述火灾的最大热释放速率分别约为 13.6MW、16.9MW、20.2MW。

当自动喷水灭火系统失效时，如考虑商铺与中庭之间未采取防火分隔措施，或防火分隔措施失效，火灾的控制完全依靠消防救援人员到场进行扑救，则从发生火灾至消防救援人员到达火场并有效控制火势的时间按照 10min 计算，此时商铺的火灾最大热释放速率约为 16.9MW。本例保守地将建筑面积为 $200m^2$ 的商铺设定为未与中庭进行防火分隔或防火分隔失效，且自动喷水灭火系统失效，此时的火灾最大热释放速率设定为 20MW，并以此为基础计算着火商铺对中庭相对面的辐射热通量。

图 2-18 显示了用于 FDS 场模拟分析计算的火灾物理模型。计算时，设定在火源附近区域的网格尺寸为 0.1m ×

① 霍然，胡源，李元洲 . 建筑火灾安全工程导论［M］. 合肥：中国科学技术大学出版社，2009.

0.1m × 0.1m，其他区域的网格尺寸为 0.2m × 0.2m × 0.2m，房间初始温度为 23℃，火灾按照 α=0.046 89kW/s^2 的 t^2 快速发展火增长，计算时间取 15min（即 900s）。

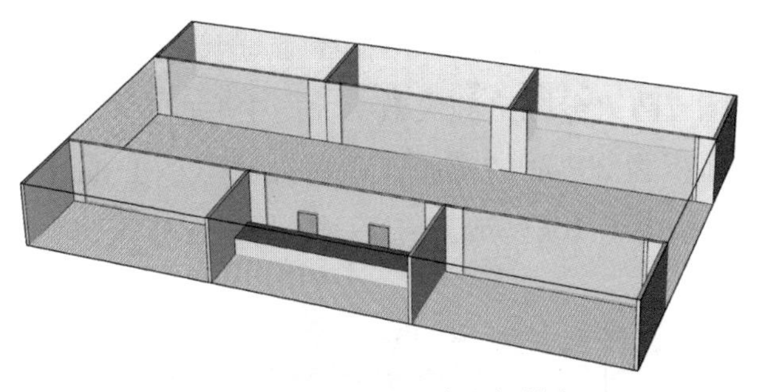

（a）商铺与中庭之间有防火分隔

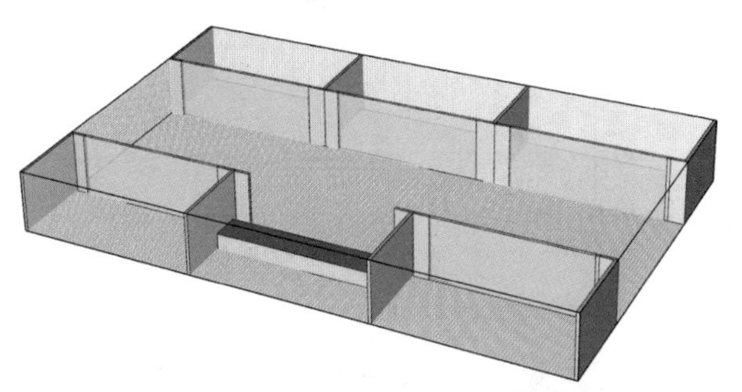

（b）商铺与中庭之间防火分隔失效

图 2–18　商铺着火的 FDS 模拟效果图

图 2–19 显示了根据公式（2–1）和公式（2–2）计算得到的各设定火灾场景下距离火源不同位置处的辐射热通量。可见，随着与火源距离的增加，辐射热通量迅速下降，当与火源的距离增加到一定程度时，辐射热通量的下降趋势变缓；商铺火灾的热释放速率越大，与火源距离相同位置处的辐射

热通量越大。当在商铺与中庭之间采取防火分隔措施，且只有门开启时，对于建筑面积分别为 200m² 和 300m² 的商铺，距离火源不小于 7m 位置处的辐射热通量小于 10kW/m²；对于建筑面积为 400m² 的商铺，距离火源不小于 8m 位置处的辐射热通量小于 10kW/m²。当在商铺与中庭之间未采取防火分隔措施或防火分隔措施失效，面向中庭的开口较大时，对于建筑面积为 200m² 的商铺，距离火源不小于 8m 位置处的辐射热通量小于 10kW/m²。

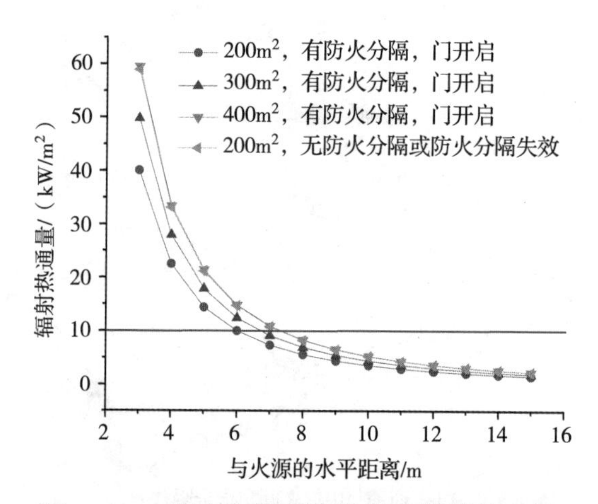

图 2-19　采用公式法计算出的辐射热通量随水平距离的变化情况

根据上述 FDS 模拟计算结果，对于有防火分隔和商铺门开启的情形（设定火灾场景 1~3），建筑面积分别为 200m²、300m²、400m² 的商铺，当火灾后发生轰燃并通过商铺门向外溢出时，水平距离着火商铺 9m 处可以达到的最大辐射热通量分别为 9kW/m²、10.5kW/m²、13kW/m²；水平距离着火商铺

12m 处可以达到的最大辐射热通量分别为 7.5kW/m^2、8.8kW/m^2、9.8kW/m^2。对于商铺与中庭之间无防火分隔或防火分隔失效的情形，当建筑面积为 200m^2 的商铺发生火灾（设定火灾场景 4）时，水平距离着火商铺 9m 处可以达到的最大辐射热通量为 12kW/m^2，水平距离着火商铺 12m 处可以达到的最大辐射热通量为 9.4kW/m^2。采用 FDS 计算得到的辐射热通量相对采用经验公式的计算结果值偏大。这是因为经验公式主要针对开敞空间的火源，而 FDS 模型中商铺中间的走道上方具有楼板，并且未考虑楼板中存在开口（模拟中庭开口）的情形，使走道中存在较厚的热烟气层。因此，FDS 计算分析中除了火源自身的辐射热通量外，还包括烟气层和壁面的辐射热通量。有关计算结果见图 2–20 和图 2–21。一般而言，当中庭相对面商铺的水平间距大于 12m 时，商铺内的火灾在对面相应位置商铺处产生的辐射热通量小于 10kW/m^2。

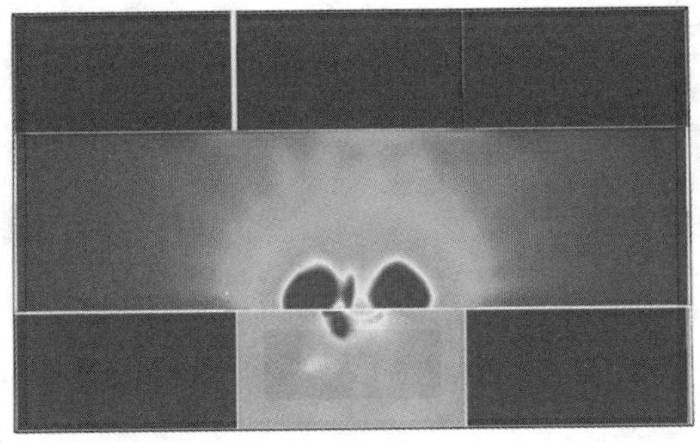

（a）设定火灾场景1

Smokeview 5.4.3-Aug 31 2009

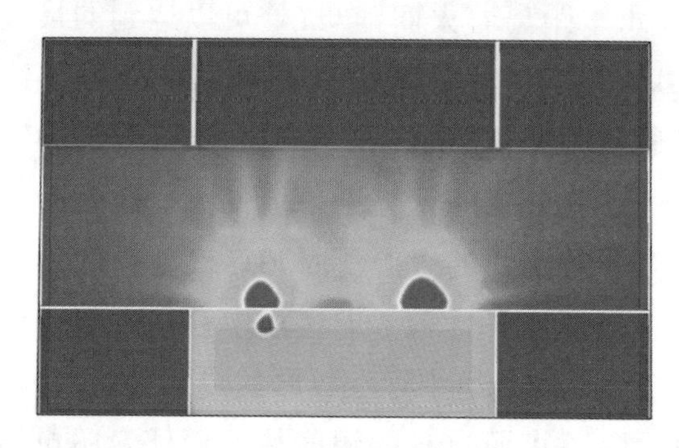

Slice
U
kW/m²
30.0
27.0
24.0
21.0
18.0
15.0
12.0
9.00
6.00
3.00
0.00
mesh:1

Frame:989
Time:890.1

（b）设定火灾场景2

Smokeview 5.4.3-Aug 31 2009

Slice
U
kW/m²
30.0
27.0
24.0
21.0
18.0
15.0
12.0
9.00
6.00
3.00
0.00
mesh:1

Frame:986
Time:887.4

（c）设定火灾场景3

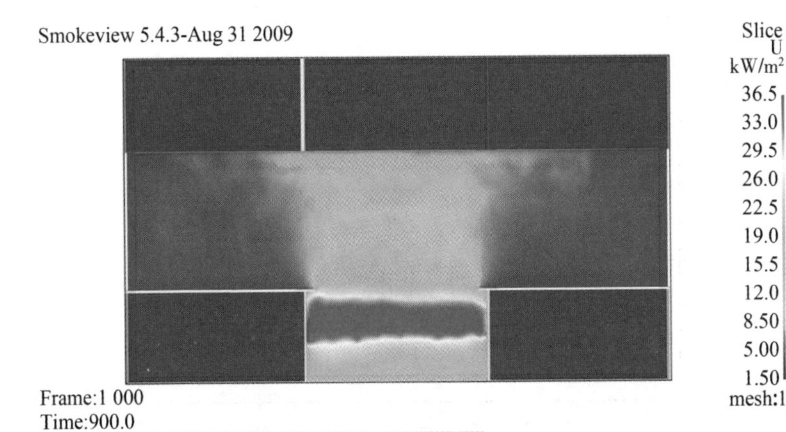

（d）设定火灾场景4

图 2-20　距离地面 3m 高度处的辐射热通量分布云图

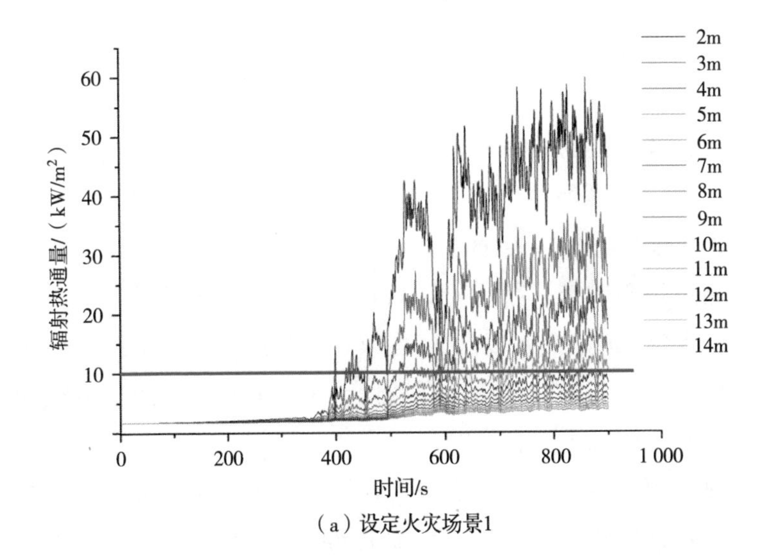

（a）设定火灾场景1

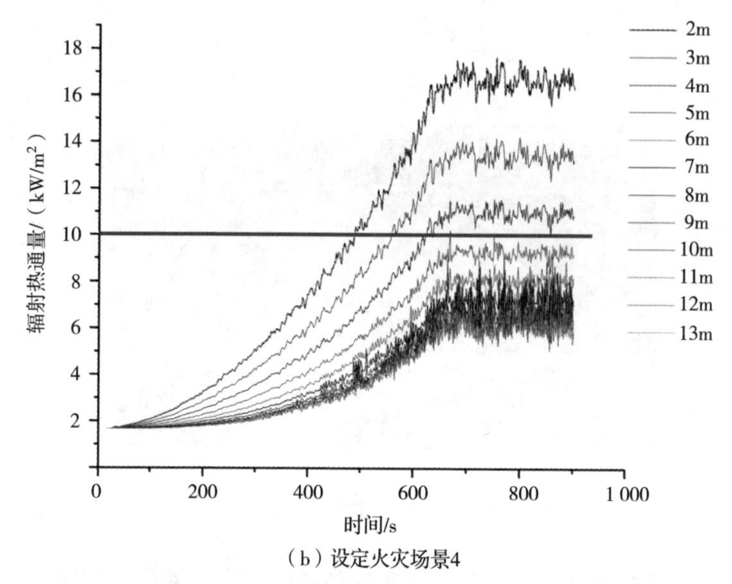

（b）设定火灾场景4

图 2–21　距着火商铺不同距离处的辐射热通量

（测点位于开口中轴线，距离地面 2m 高）

综合上述计算结果可知，当在中庭内不布置可燃物时，设置足够宽度的中庭具有阻止火灾通过热辐射从一侧蔓延至对面另一侧区域内的作用。商铺面积越大、火灾荷载越高，火灾可能的热释放速率越大，因而需要更宽的中庭来阻止火灾通过热辐射作用蔓延。商铺着火时，如商铺的开口面积越大，则供氧越充足，火灾热释放速率也越大，阻隔热辐射作用也需要更宽的中庭。当商铺位于中庭开口部位且中庭空间高大时，烟气不会在商铺附近聚集，可以忽略烟气产生的热辐射作用；而当商铺位于中庭连廊处，或者中庭的空间高度较低且排烟效果较差时，高温烟气的热辐射作用也是一个不可忽视的因素，阻止火灾蔓延也需要更宽的空间间隔。

因此，在确定中庭的空间间隔对阻隔火灾通过热辐射作用蔓延的效果时，需要根据中庭周围单个相互分隔后的房间或场所的建筑面积及其火灾荷载大小、无防火保护的开口大小、中庭的构造、排烟设施等因素综合计算分析。

除了热辐射和热对流作用外，飞火也会导致火灾在相邻区域之间蔓延，尤其是跨越楼层较多的中庭，当在中庭中较高楼层发生火灾时，燃烧产生的飞火可能引燃下面楼层房间内的可燃物。当允许在中庭内布置可燃物时，火灾的蔓延情况比较复杂，采用空间间隔进行防火分隔不是一种可靠的方法。

2.4　美国和英国标准对中庭防火分隔的要求

2.4.1　美国标准

（1）美国消防协会标准 NFPA 101—2024 *Life Safety Code* 第 8.6.7 条规定了中庭的防火技术要求。主要内容如下：

1）中庭与相邻区域之间应设置耐火极限不低于 1.00h 的防火分隔，回廊周围分隔墙体上的开口应采取防火措施。当采用玻璃墙或固定窗扇的窗户进行防火分隔时，应符合下列要求：

①应在玻璃墙或固定窗的两侧分别设置自动喷水灭火系统的洒水喷头，喷头的安装间距不应大于 6ft（约为 1 830mm）。

②喷头水平距离玻璃墙表面不应大于 12in（约为 305mm），且喷头的布水应能覆盖玻璃墙的全部表面。

③玻璃墙应采用钢化玻璃、夹丝玻璃或夹层玻璃，并用框架固定，玻璃的固定框架应能使玻璃在喷头开始喷水前不会因受热变形而破裂。

④在标准楼层高度上，如在中庭一侧无过道或楼层，则不需要在中庭一侧设置洒水喷头。

⑤玻璃墙上的门应采用玻璃或其他能阻止烟气透过的材料，且门应能自动关闭或能与烟气探测系统联动关闭；玻璃在竖向应连续，无水平的窗框、装饰物等障碍物阻挡洒水喷头向玻璃表面布水。

2）中庭所在建筑应全部设置自动喷水灭火系统保护。

3）中庭内仅允许放置不燃、难燃或常规可燃性的物体。常规可燃性的物体是具有中等燃烧发展速度，或可释放大量烟雾的物体。

4）允许经中庭疏散至安全出口，但开向中庭的疏散出口宽度不应大于相邻区域所需总疏散宽度的50%。

5）采用消防安全工程的方法分析计算时，中庭内的烟气层应能在1.5倍的计算疏散时间或20min（取两者的较大者）内，保持在由中庭通往相邻空间的最高处无保护开口的上沿以上，或者在与中庭连通的最高楼层地面以上不小于6ft（约为1 830mm）。

6）应设置烟气控制系统。该烟气控制系统应与烟气探测系统、设置在中庭内或与中庭有开口相通的区域内的自动喷水灭火系统联动启动，或者能由消防救援人员手动操作启动。

（2）美国国际规范委员会标准 *International Building Code*（2021年版）第4.4节规定了中庭的防火技术要求。主要内容如下：

1）除低火灾危险性的用途外，中庭的楼地面不得用于任何其他用途，且中庭的内部装修装饰只能使用标准许可的材料和装饰，墙壁和天花板的内部装修材料的燃烧性能不应低于 B 级。

注：B 级燃烧性能的材料是按照 ASTM E84 *Standard Test Method for Surface Burning Characteristics of Building Materials* 或者 ANSI/UL 723 *The Standard for Safety for Test of Surface Burning Characteristics of Building Materials* 进行测试，火焰蔓延指数为 26~75，发烟指数为 0~450 的材料。

2）中庭及其周围场所应设置自动喷水灭火系统，中庭内应设置火灾自动报警系统和烟气控制系统。烟气控制系统可以根据中庭及其周围空间的具体情况采用防烟或排烟系统。

3）中庭与相邻连通区域之间应设置耐火极限不低于 1.00h 的防火分隔设施。当防火分隔采用玻璃墙时，应符合下列要求：

①应沿玻璃墙的两侧设置自动喷水灭火系统的洒水喷头；当中庭一侧无走道时，可以只在房间一侧设置洒水喷头。喷头水平距离玻璃应为 102~305mm，沿玻璃墙一侧的喷头安装间距不应大于 1 829mm。当喷头动作后，玻璃墙的全部表面均应能被喷头布水润湿，不应受到遮挡。

②玻璃墙应采用框架固定和支承。该框架应能使玻璃在喷头启动前不会因受热变形而破裂。

③设置在玻璃墙上的玻璃门，应能自动关闭。

2.4.2　英国标准

英国标准 BS 9999：2017 *Code of Practice for Fire Safety in*

the Design, Management and Use of Buildings 附录B规定了中庭的防火要求。主要内容如下：

（1）中庭与周围楼层之间的防火分隔。

1）为控制火灾和烟气的蔓延，中庭与周围楼层之间应采取防火或防烟分隔措施。在确定中庭的火灾荷载时，应同时考虑中庭楼地面和中庭周围相连通区域的火灾荷载。

2）在中庭与周围区域之间设置的耐火分隔结构，其耐火完整性不应低于30min。该耐火性能测试应符合英国标准BS 476–22 *Fire Tests on Building Materials and Structures–Part 22: Methods for Determination of the Fire Resistance of Non-loadbearing Elements of Construction* 的相关规定。

3）为防止烟气过早进入那些未受火灾直接影响的楼层，可能需要在中庭周围设置防烟分隔结构。一些耐火分隔结构（例如传统的防火卷帘）不足以阻止烟气蔓延，不能用于防烟。当采用防烟隔断时，防烟隔断应符合英国标准BS EN 12101–1 *Smoke and Heat Control Systems–Part 1: Specification of Smoke Barriers* 的相关规定。当缺乏适当的测试方法和性能标准时，防烟隔断中不应有未封闭的接缝、永久的开口或可开启的区域，且防烟隔断与其他结构之间的缝隙均应采用符合BS EN 1366–3 *Fire Resistance Tests for Service Installations–Part 3: Penetration Seals* 或BS EN 1366–4 *Fire Resistance Tests for Service Installations–Part 4: Linear Joint Seals* 的填料（如石膏）、粘胶剂或柔性密封条（如氯丁橡胶）封堵。

设置在中庭内的门，其烟气泄漏率在25Pa的压强作用下不应大于每米$3m^3/h$。

用于防火分隔的玻璃分隔结构，当受到火直接作用时，应视具体情况要求其具有耐火完整性能或耐火隔热性能。

当设置自动喷水灭火系统或烟气温度控制系统，并能有效控制烟气的温度低于玻璃的破坏温度时，防烟分隔结构可以只起阻止烟气蔓延的作用，不需要考虑其防火分隔的作用。

4）中庭的玻璃顶棚、中庭内用于防火防烟分隔的玻璃墙应符合下列要求：

①当需要利用中庭的一侧或多侧的围护结构形成竖向疏散楼梯通道时，该疏散通道两侧至少 3m 范围内整个竖向玻璃墙的耐火隔热性能和耐火完整性能不应低于 30min。

②玻璃顶棚的耐火完整性能不应低于 30min。该耐火性能测试应符合英国标准 BS 476-22 *Fire Tests on Building Materials and Structures-Part 22*：*Methods for Determination of the Fire Resistance of Non-loadbearing Elements of Construction* 的相关要求。

③当中庭内设置自动喷水灭火系统，或者中庭与周围的连通区域之间设置耐火极限不低于 60min 的防火分隔，且按要求控制中庭楼地面的火灾荷载时，玻璃顶棚可使用符合下列要求的玻璃：

a. 使用钢化玻璃的框架玻璃系统，耐火完整性能不应低于 60min；

b. 不受高度限制的夹层安全玻璃，但作用于玻璃的热烟气温度不应高于 200℃，且不存在火焰直接作用玻璃表面的危险；应设置烟气控制系统限制中庭内热烟气的温度，或设置防烟设施防止高温热烟气直接作用于玻璃顶棚。

当未设置烟气温度控制系统或防烟设施时，玻璃顶棚应符合上述第2）项的要求，且中庭的玻璃围护结构的耐火完整性能不应低于30min。

注：根据BS 9999：2017附录B的要求，屋顶玻璃可采用符合英国标准BS 7346-3 *Components for Smoke and Heat Control Systems-Part 3：Specification for Smoke Curtains*的夹丝玻璃或钢化玻璃；当采用夹层玻璃时，应确保接触玻璃的热气体或烟气的温度不会高于300℃。当中庭内无烟气温度控制系统或防烟设施时，中庭顶棚上的玻璃应视为中庭周围竖向防烟分隔结构或玻璃防火分隔结构的一部分，其耐火完整性能不应低于30min。

④中庭顶棚上方至少2个楼层内的建筑玻璃外墙应采用防火玻璃系统，且耐火完整性能不应低于30min；对于商店、图书室、档案室、阅览室、展览厅陈列室，以及客房等具有睡眠休息用途的房间，该建筑玻璃外墙还应具备至少30min的耐火隔热性能。

（2）控制火灾荷载。

1）应控制中庭楼地面上的火灾荷载。墙面和顶面的装修材料的燃烧性能不应低于C-s_3，d_2级。

注：燃烧性能分级应符合英国标准BS EN 13501-1：2007 *Fire Classification of Construction Products and Building Elements-Part 1：Classification Using Data from Reaction to Fire Tests*的相关规定。

所有软垫家具均应具有防止阴燃火源（点火源0）和明火源（点火源5）点燃的性能，相应性能的测试应符合英国标准BS 5852：2006 *Methods of Test for Assessment of the Ignitability of Upholstered Seating by Smouldering and Flaming*

Ignition Sources 的相关规定。所有织物（窗帘、帷帘和幕布）的性能均应符合英国标准 BS 5867–2：2008 *Specification for Fabrics for Curtains and Drapes–Part 2：Flammability Requirements* 的相关规定。

2）中庭楼地面上所有可燃物的重量不应大于 160kg。当可燃物重量大于 160kg 时，应将可燃物限制在独立的燃料岛内，每个燃料岛的可燃物重量不应大于 160kg，占地面积不应大于 $10m^2$。除受到自动喷水灭火系统保护的区域外，燃料岛水平距离其他具有可燃物的区域不应小于 4m。

（3）消防设施。

1）当需要采用自动喷水灭火系统控制中庭楼地面上的火灾荷载时，中庭内应设置自动喷水灭火系统。由于自动喷水灭火系统的有效性随中庭的空间高度增加而降低，因此自动喷水灭火系统的设置应考虑中庭的空间高度对系统灭火效果的影响，以确保系统能在设置高度下将火灾控制在设定的火灾规模内。设置自动喷水灭火系统的目标是，控制中庭楼地面上的火源产生的对流热释放速率不大于 2.5MW。

2）中庭内应设置火灾自动报警系统。对于可能有大量使用人员或采用分阶段疏散的中庭，还应设置语音报警系统，并同时采用其他方式发出警报。

3）中庭内排烟排热系统的排烟量应经计算确定，并应符合下列要求：

①保持与中庭连通的最高楼层的清晰高度不小于 3m，或火源所在楼层的清晰高度不小于 2.5m。

②确保烟气层的温度不高于 200℃。

③确保在烟气层下降到已分隔的楼层以下时，烟气不会进入这些楼层，并确保所有与中庭连通且未分隔的楼层的能见度不小于8~10m，以保证人员可以安全疏散。

从美国和英国的相关标准有关中庭防火的技术要求看，总体上比我国国家标准《建筑设计防火规范》GB 50016—2014（2018年版）的规定细致，对保证中庭及其连通区域内建筑防火安全的各方面分别规定了具体的方法和措施，并且根据不同措施和中庭的室内条件提出了详细的指标性技术要求，值得借鉴。

2.5 不同类型中庭的防火分隔措施及其要求

中庭与建筑内院不同。建筑内院属于室外空间，不属于建筑内上、下楼层的连通开口，因此内院周围的防火只需要根据建筑的耐火等级、外墙材料的燃烧性能、内院相对建筑外墙上的开口和间距、建筑内部防火分区的划分等情况，按照建筑外墙防火的有关要求采取防火措施即可。而中庭是在建筑内部贯穿多个楼层的室内共享空间，应按照建筑室内连通上、下楼层的开口考虑。

中庭形式多样，有的与各楼层直接相通，有的与所贯通楼层在界面处不直接相通，有的中庭周围均有楼层，有的只有部分空间与楼层相连，中庭按其平面布置大体有几种形式，见图2-22。无论哪种形状、平面布置和空间连通方式的中庭，均可能导致火和烟气在其所连通楼层之间蔓延，从而会破坏建筑竖向利用楼板划分的防火分区的完整性。因此，通过中庭开口所连通区域的建筑面积应计入同一个防火分区，并应符合相应耐火等级和建筑高度（如多层或高层）工业和民用建筑中一个防火分区最大允许建筑面积的要求。当建筑内上、下楼层通过中庭连通区域的建筑面积之和大于一个防火分区的最大允许建筑面积时，需要进行防火分隔，使中庭及其连通区域的建筑面积控制在一个防火分区的最大允许建筑面积内。当建筑内上、下楼层通过中庭连通区域的建筑面积与中庭的建筑面积之和不大于一个防火分区的最大允许建筑面积时，将中庭与连通的区域进行防火分隔，有利于减小火灾损失，应尽量分隔；如建筑功能和空间有专门的需要，也可以不分隔。

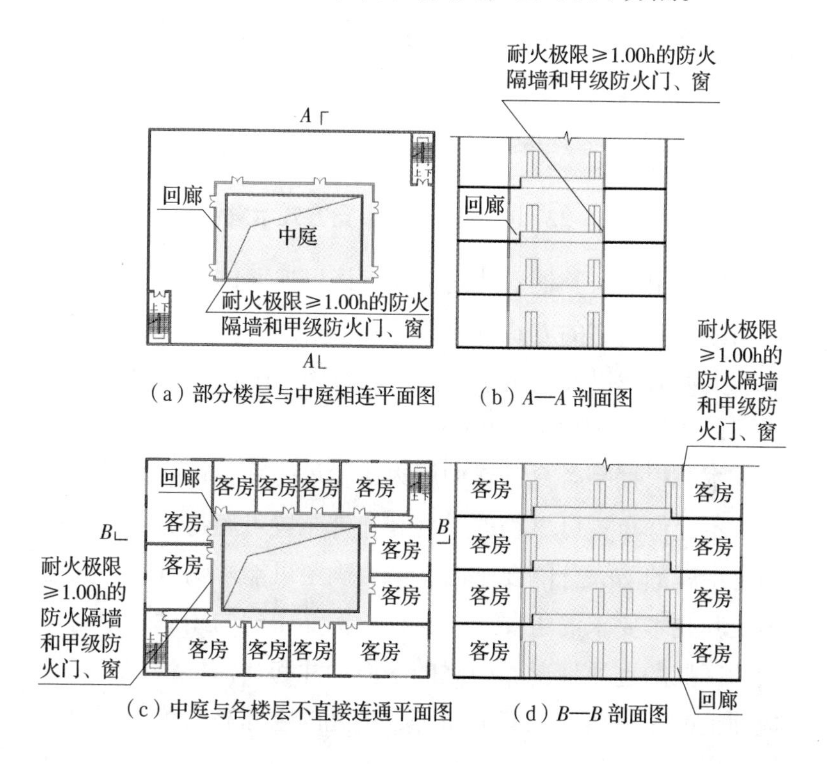

（a）部分楼层与中庭相连平面图　（b）*A—A* 剖面图

（c）中庭与各楼层不直接连通平面图　（d）*B—B* 剖面图

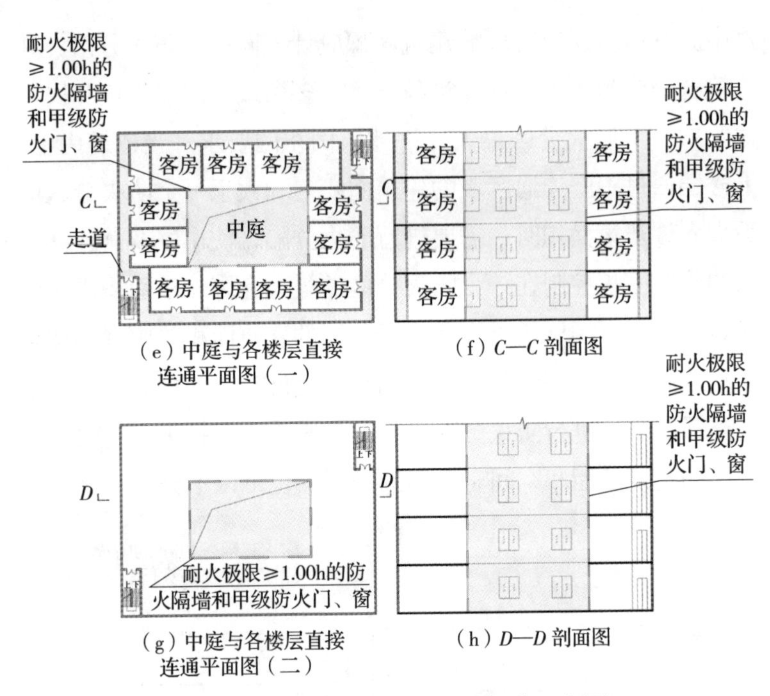

（e）中庭与各楼层直接连通平面图（一）

（f）C—C 剖面图

（g）中庭与各楼层直接连通平面图（二）

（h）D—D 剖面图

图 2–22　中庭的平面布置方式示意图

鉴于中庭与其他形式的上、下楼层连通口在空间尺度和与周围区域连通的方式等方面存在一定差别，不同中庭的用途、火灾荷载以及人员是否需要经过中庭疏散等情况也有所不同，其防火分隔方式也不同。

本节根据是否允许在中庭内布置可燃物，将中庭分为两类：不允许布置可燃物的中庭和允许布置可燃物的中庭。在确定中庭的防火分隔要求时，需要确定可能影响所需防火措施及其技术要求的主要建筑特征，例如中庭的用途、中庭与相邻区域的连通情况、中庭的平面尺寸和几何形状、中庭楼地面上的火灾荷载及其分布等、中庭的空间高度等。下面主

要针对这两类中庭分别讨论有关防火分隔的方法、措施及相应的技术要求。

2.5.1　不允许布置可燃物的中庭

根据国家标准《建筑设计防火规范》GB 50016—2014（2018 年版）第 5.3.2 条的规定，通过中庭贯通的区域的建筑面积需要叠加计算，在中庭内不应布置可燃物。因此，这类中庭不仅不能作为卖场布置多种经营点、用于展览用途和儿童游乐场所等，而且其内部装修装饰材料的燃烧性能也需要严格控制。《建筑设计防火规范》GB 50016—2014（2018 年版）以此为基础规定了与中庭连通区域的建筑面积叠加计算后大于相应建筑高度、耐火等级和使用功能建筑一个防火分区的最大允许建筑面积要求时，需要在中庭与周围连通区域之间进行防火分隔，并明确了三种基本的防火分隔措施及其要求。当按照这些防火分隔要求将中庭与其周围连通区域分隔后，中庭本身不需要再划分防火分区，即中庭的面积（在实际建筑中，大部分情况会将中庭回廊的建筑面积计入中庭）可以不限制。在确定此类中庭的防火分隔技术要求时，是将中庭本身作为一个火灾危险性低的贯通空间，属于除人员通行、停留外无任何其他实际使用功能的空间，不考虑在中庭内发生火灾，而只考虑如何防止发生在与中庭连通区域内的火灾及其烟气经中庭蔓延至其他楼层或区域。这 3 种防火分隔措施分别为：

（1）在中庭与周围连通区域之间采用耐火极限不低于 1.00h 的防火隔墙和甲级防火门、窗分隔。此防火分隔方法主要针对中庭周围无回廊的情形，也适用于具有回廊的中庭。

1）无回廊的中庭存在两种主要情形。一种是中庭周围无回廊，各楼层与中庭之间无任何墙体或围护结构，直接与中庭连通，即中庭上下贯通的空间直接面临各楼层的连通空间。这种中庭一旦某楼层发生火灾，火和烟气容易蔓延至其他楼层，需要在中庭与各楼层连通处，即中庭的开口边沿处设置耐火极限不低于 1.00h 的防火隔墙和甲级防火门、窗分隔，见图 2–23。

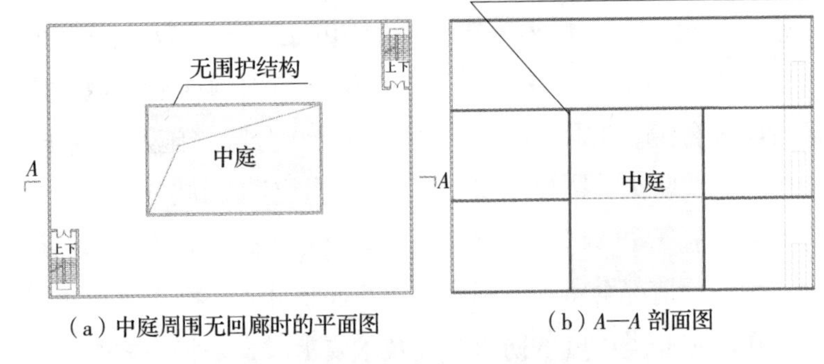

（a）中庭周围无回廊时的平面图　　（b）A—A 剖面图

图 2–23　中庭周围无回廊时的防火分隔示意图（一）

另一种是中庭周围无回廊，各楼层与中庭之间存在墙体等围护结构，中庭相当于一个独立的空间。这种中庭具有利用各楼层与中庭连通处的围护结构进行防火分隔的条件，只需要提高这些围护结构的耐火性能即可，即各楼层面向中庭的围护结构应为耐火极限不低于 1.00h 的防火隔墙，墙体上的门、窗应为耐火性能不低于甲级的防火门、窗（图 2–24）。

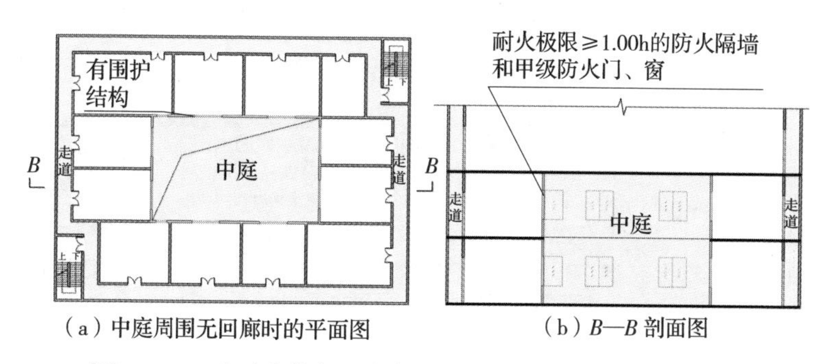

（a）中庭周围无回廊时的平面图　　（b）*B*—*B* 剖面图

图 2–24　中庭周围无回廊时的防火分隔示意图（二）

2）当中庭周围全部设置回廊时，因回廊具有一定的宽度，使回廊起到了与防火挑檐相近的防火作用，能较好地防止下一楼层的火和烟气通过中庭蔓延至上部楼层。因此，该耐火极限不低于 1.00h 的防火隔墙可以设置在中庭周围区域与回廊连通处，墙体上的门、窗应为耐火性能不低于甲级的防火门、窗（图 2–25）。

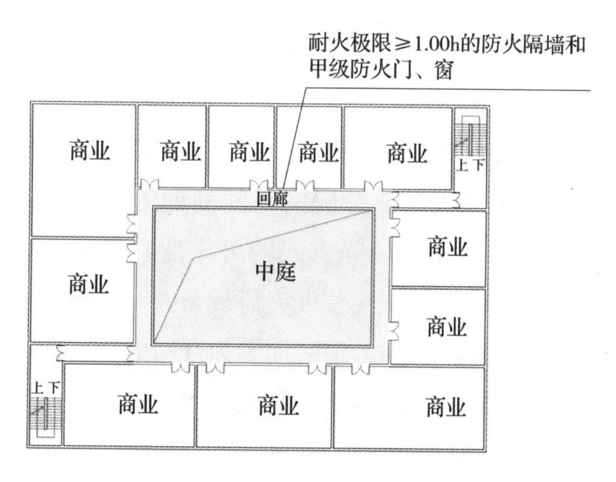

图 2–25　中庭周围全部设置回廊时的防火分隔示意图

3）当中庭周围区域部分存在围护结构、部分设置回廊时，可以采用上述两种防火分隔措施的组合（图 2-26）。

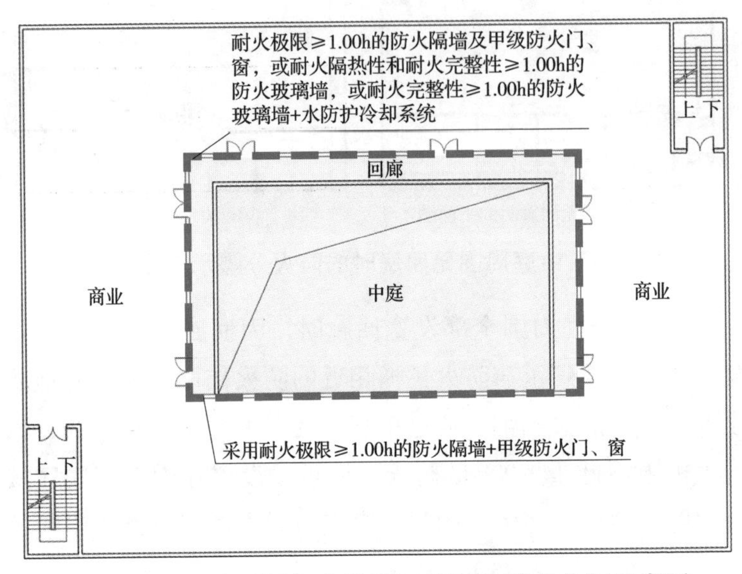

图 2-26　中庭周围部分设置回廊时的防火分隔示意图

根据前面的火灾蔓延与热辐射作用的分析可以看出，采用第（1）项的防火分隔方式，还需要将中庭周围每个分隔防火区域的建筑面积或总火灾荷载控制在一定范围内（例如，每个防火分隔间或具有防火分隔的每间商铺的建筑面积不大于 300m^2），以确保该防火分隔方式的可靠性。当中庭周围每个防火分隔区域的建筑面积或总火灾荷载较大时，则需要提高防火分隔的耐火性能。例如，中庭周围为开敞的商店营业厅、展览厅时，则需要将中庭周围防火隔墙的耐火极限提高至不低于 3.00h。

（2）在中庭与周围连通区域之间采用耐火极限不低于 1.00h

的防火玻璃墙和甲级防火门、窗分隔。此防火分隔方法考虑了一些建筑中庭周围连通区域的实际使用需要，允许在中庭与周围连通区域之间的防火分隔部分采用防火玻璃墙替代实体防火隔墙。此时，如果防火玻璃墙只满足耐火隔热性的要求（即墙体上的防火玻璃为非隔热型防火玻璃），防火玻璃墙应设置自动喷水灭火系统或水幕冷却防护系统等防护冷却水系统保护。

这种措施与第（1）项的防火分隔措施，实际上属于同一种措施，但由于防火玻璃墙具有较好的视觉通透性，这种措施多用于商店建筑或商业综合体、交通车站的候车厅、餐饮建筑等建筑内的中庭防火分隔。当中庭周围设置回廊或中庭直接与楼层上具有实际使用用途的区域连通时，这些防火玻璃墙有时需要设置在中庭开口的边沿处（图 2–27）。

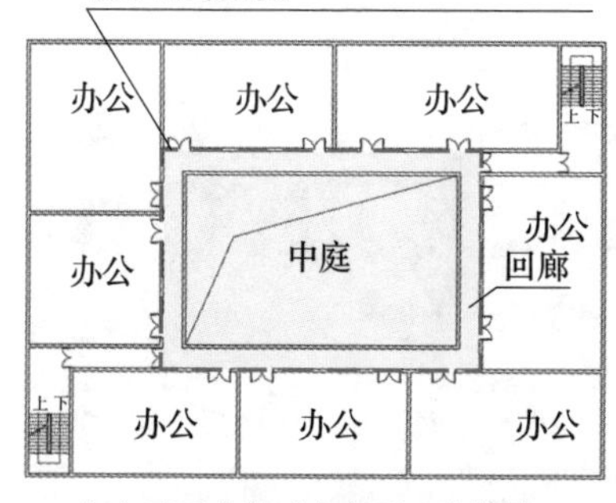

（a）无后走道时中庭开口边沿处的防火分隔

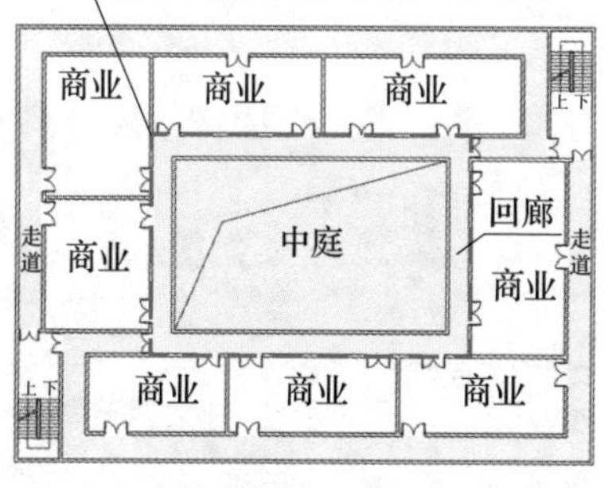

（b）有后走道时中庭开口边沿处的防火分隔

图 2–27　中庭与周围连通区域在中庭开口边沿处进行防火分隔的示意图

（3）在中庭与周围连通区域之间采用耐火极限不低于3.00h的防火卷帘和甲级防火门、窗分隔。当中庭周围连通区域因功能需要难以在中庭与各楼层的连通区域之间采用防火隔墙等固定的防火分隔设施分隔（图2–28），且人员不需要经中庭进行疏散时，可以考虑在中庭开口的边沿处采用防火卷帘分隔。此防火分隔方法允许使用防火卷帘替代实体防火隔墙，能最大限度地方便各楼层与中庭之间的交互和联系。但是，考虑到当前防火卷帘在使用中的可靠性还需进一步提高的实际情况，防火卷帘的设置宽度或长度，根据国家标准《建筑设计防火规范》GB 50016—2014（2018年版）第6.5.3条规定，当防火卷帘设置在中庭开口的边沿处时，可以不受限制。这里实际上考虑了在这种情况下中庭周围往往具有一定宽度的回廊以及该回廊的防火作用。如果在中庭周围未设

图2–28 难以采用防火隔墙等方式分隔的中庭

置回廊，或无其他具有一定防火分隔作用的围护结构，或在中庭与上部楼层中具有火灾危险性的区域之间无一定宽度的空间间隔（比如人行通道，可起类似回廊的防火作用），直接在中庭开口的边沿处采用防火卷帘分隔，则具有较大的火灾蔓延隐患，应予重视和避免。这从英国标准 BS 9999：2017 *Code of Practice for Fire Safety in the Design，Management and Use of Buildings* 的规定中也可以看出此防火分隔方式不合适。

当防火卷帘设置在中庭回廊与中庭周围连通空间（如商铺）的连通处时，在同一防火分区内面向中庭一侧的防火分隔部位，防火卷帘的总长度不应大于该防火分隔部位总长度的 1/3，且不应大于 20m；当此防火分隔部位的长度不大于 30m 时，防火卷帘的总长度不应大于 10m。因此，尽管在这些需要设置防火隔墙或防火玻璃墙的部位，允许在适当位置采用防火卷帘替代，但均应符合上述有关防火卷帘设置长度的限制要求（图 2–29）。防火卷帘的性能应符合国家标准《建筑防火通用规范》GB 55037—2022 和《建筑设计防火规范》GB 50016—2014（2018 年版）等标准的规定。

上述均为国家标准《建筑设计防火规范》GB 50016—2014（2018 年版）规定的防火分隔措施。根据本章第 2.3 节的论述，除上述防火分隔措施外，还可以采用下列能防止火和烟气经中庭蔓延至与中庭连通区域的等效技术措施。

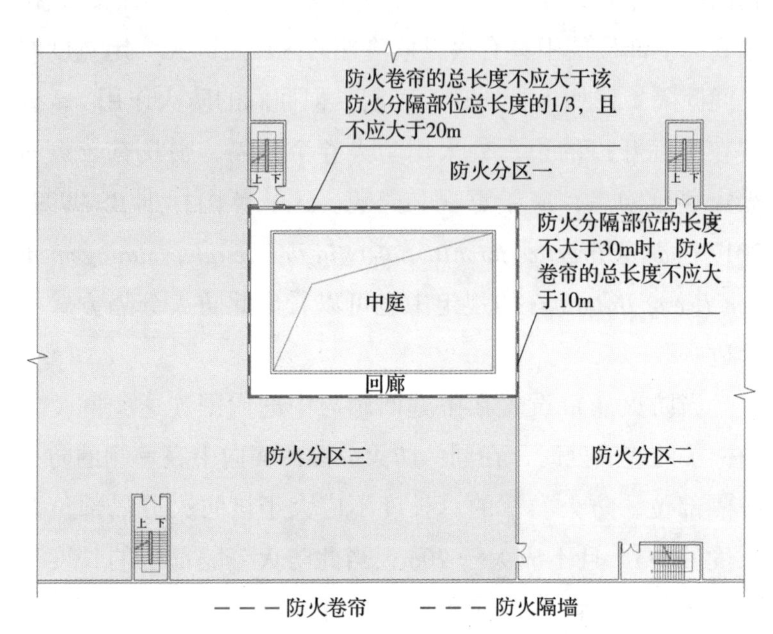

图 2–29　采用防火卷帘分隔的中庭示意图

由于在中庭内不允许布置任何可燃物，在中庭任意一侧发生火灾时，火灾蔓延至对面区域的途径主要为热辐射和热对流作用。因此，足够宽度的中庭实际上可以发挥一定的防火间隔的作用。此时，可以根据本章第 2.3.7 部分所述方法，根据中庭周围连通区域的实际用途、空间特性和火灾荷载等因素，通过计算中庭周围连通区域内的火灾可能产生的辐射热量来确定所需空间间隔的宽度及其他必要的防火措施。但需要注意的是，采用这种防火分隔方法时，必须采取措施防止火灾在中庭同一侧相邻防火分隔区域之间的水平蔓延，严格控制中庭两侧连通区域内可能的最大火灾规模不大于计算值。例如，控制每个防火分隔房间的建筑面积大小，布置火灾危险性或火灾荷载低的业态或用途。除在中庭同一侧相邻区域所需防火措施外，其他部位可以采用不具备耐火性能的普通安全玻璃或普通防火卷帘等以满足使用要求为目标的分隔措施。

对于不允许设置任何可燃物的中庭，需要注意以下情况：

（1）考虑到采用防火分隔水幕系统的用水量大，系统的可靠性受产品、施工质量、维护管理等因素的影响，要尽量采用固定的实体防火分隔物，不宜采用防火分隔水幕等非固定的防火分隔设施进行分隔。

（2）考虑到防火卷帘在实际使用中的可靠性、钢化玻璃的自爆性能、部分非隔热型防火玻璃的热稳定性能和应用尺寸限制，在中庭与周围连通区域之间，要尽量避免采用防火卷帘和防火玻璃墙分隔。当采用防火卷帘分隔时，其技术要求除应符合现行国家标准的规定外，还需确保其分隔的可靠性。例如，在一座商店建筑中，将防火卷帘设置在中庭回廊与商铺连通处，防火卷帘的耐火极限不应低于 3.00h，防火卷帘的长度应按照国家标准《建筑设计防火规范》GB 50016—2014（2018 年版）第 6.5.3 条的规定进行限制。

在中庭周围采用防火玻璃墙分隔时，要尽量采用隔热性防火玻璃墙；采用非隔热性防火玻璃墙时，非隔热性防火玻璃墙一般需要设置自动喷水灭火系统等防护冷却水系统保护。当根据区域内的火灾危险性和可燃物分布等情况可以确定在防火分隔处不存在火灾经热辐射作用蔓延的危险时，非隔热性防火玻璃墙可以不设置自动喷水灭火系统等防护冷却水系统保护。鉴于当前单层防火玻璃在火灾中的实际表现，非隔热性防火玻璃墙要尽量采用高硼硅防火玻璃、夹胶或夹层防火玻璃。

（3）在中庭周围无回廊的部位，其防火分隔需要考虑火灾在上下楼层之间蔓延的危险性，尽量避免采用非隔热性防火玻璃墙，不应采用防火卷帘及其他非固定的防火分隔设施分隔。上、下层开口之间以及幕墙的防火分隔应符合现行国家标准有关建筑外立面防火的规定。例如，国家标准《建筑设计防火规范》GB 50016—2014（2018 年版）第 6.2.5 条的规定，建筑外墙上、下层开口之间应设置高度不小于 1.2m 的实体墙或挑出宽度不小于 1.0m、长度不小于开口宽度的防火挑檐；当室内设置自动喷水灭火系统时，上、下层开口之间的实体墙高度不应小于 0.8m。当上、下层开口之间设置实体墙确有困难时，可设置防火玻璃墙，但高层建筑的防火玻璃墙的耐火完整性不应低于 1.00h，多层建筑的防火玻璃墙的耐火完整性不应低于 0.50h。外窗的耐火完整性不应低于防火玻璃墙的耐火完整性要求。

2.5.2 允许布置可燃物的中庭

当允许在中庭内布置可燃物（例如，设置多种经营的摊位、用于展览用途或儿童游乐场所等）时，中庭是一个不仅可以供人员通行、停留，而且是一个具有实际使用用途的空间，其火灾危险性高低与中庭的实际用途、建筑面积和空间大小有关，不能仍然按照一个不布置可燃物的低火灾危险性的空间考虑。此时，需要根据国家相关标准对相应耐火等级、建筑高度或建筑类别、使用用途或功能建筑中一个防火分区的最大允许建筑面积的规定，将中庭及其连通周围区域按照功能要求划分防火分区，一般需要在中庭的楼地面层划分防火分区；中庭上部各楼层连通开口处的防火分隔，则应根据中庭的楼地面层在划分防火分区后的火灾危险性确定。

（1）当中庭楼地面的建筑面积大于国家相关标准对一个防火分区的最大允许建筑面积的规定时，由于中庭空间上下贯通的特点，在中庭内难以再进一步采取物理分隔措施或设置防火分隔水幕的方式划分防火分区，因此需要调整建筑的平面布置，使中庭楼地面的建筑面积不大于国家标准规定的一个防火分区的最大允许建筑面积。该面积可以根据中庭的实际用途和中庭是否设置自动灭火系统，按照国家标准《建筑设计防火规范》GB 50016—2014（2018 年版）等标准的规定确定。即在建筑平面和空间内部布置设计时，需要根据中庭内的具体用途将中庭楼地面的建筑面积控制在国家相关标准规定的一个防火分区的最大允许建筑面积内。例如，对于一座一、二级耐火等级且设置自动喷水灭火系统的多层商店建筑，在营业厅内设置中庭且在中庭内布置商业经营摊位时，应控制中庭楼地面的建筑面积不大于 5 000m^2；当该商店建筑为高层建筑时，该建筑面积不应大于 4 000m^2。否则，应采取建筑构造措施，在中庭的适当部位采用防火墙、防火门或防火卷帘等将中庭划分为多个防火分区。这种做法显然是不合理的。

中庭周围与中庭同层的连通区域，应在与中庭连通的开口处按照防火分区的划分要求，采用防火墙、防火卷帘、甲级防火门或甲级防火窗等进行分隔。当采用防火卷帘时，防火卷帘的性能和防火卷帘在同一防火分区的同一防火分隔部位的设置长度或宽度，应符合国家标准《建筑防火通用规范》GB 55037—2022 和《建筑设计防火规范》GB 50016—2014（2018 年版）等标准的规定。

中庭周围与中庭不同层的其他楼层连通区域，应在与中庭连通的开口处采用防火墙、甲级防火门或窗等进行分隔，不宜采用防火卷帘分隔，见图 2-30。

（2）当中庭楼地面的建筑面积小于国家相关标准对一个防火分区的最大允许建筑面积的规定，且各层连通中庭区域的建筑面积与中庭楼地面的建筑面积之和不大于一个防火分区的最大允许建筑面积时，可以将中庭及各楼层连通中庭的区域作为一个防火分区考虑，在各层与中庭的连通开口处可以不再进行防火分隔。

（3）当中庭楼地面的建筑面积小于国家相关标准对一个防火分区的最大允许建筑面积的规定，但各层连通中庭的区域的建筑面积与中庭楼地面的建筑面积之和大于一个防火分区的最大允许建筑面积时，需要根据建筑的功能和空间要求将中庭及其周围连通区域划分防火分区。通常，可以按照下述方法进行防火分隔：

1）将与中庭同层连通区域的建筑面积与中庭楼地面的建筑面积叠加计算，按照国家相关标准对相应建筑一个防火分区的最大允许建筑面积要求，在中庭楼地面层的防火分区

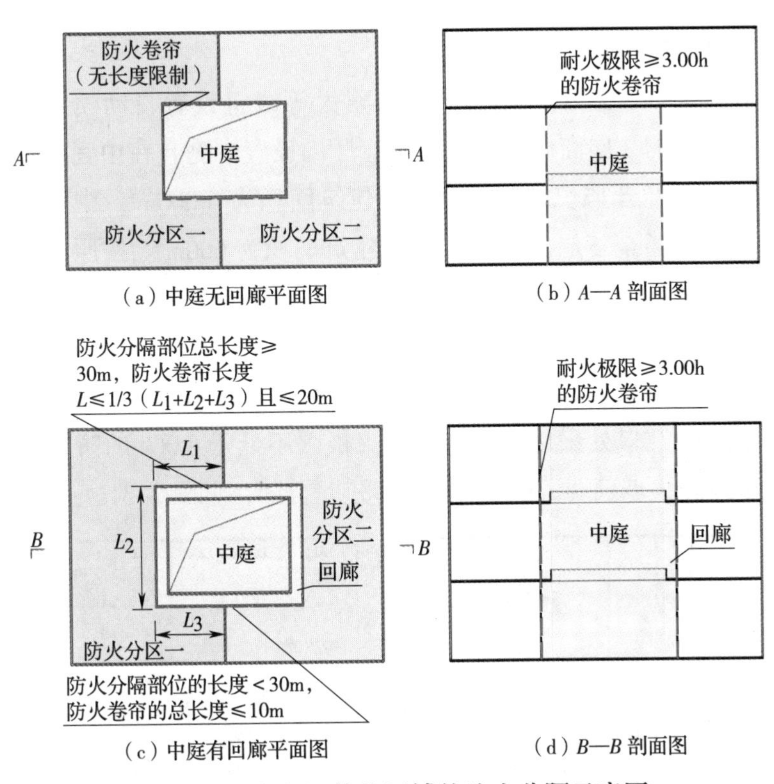

（a）中庭无回廊平面图　（b）*A*—*A* 剖面图

（c）中庭有回廊平面图　（d）*B*—*B* 剖面图

图 2–30　中庭与其他区域的防火分隔示意图

分隔处采用防火墙、甲级防火门或窗等进行分隔；与中庭连通的其他楼层，应在与中庭连通的开口处采用防火墙、甲级防火门或窗等进行分隔，不宜采用防火卷帘分隔。即当连通中庭的其他楼层在连通口处采用防火墙、甲级防火门或窗等（不宜采用防火卷帘）分隔后，可以将中庭的楼地面与同层的连通区域作为同一个区域，按照国家相关标准对相应建筑一个防火分区的最大允许建筑面积要求再划分防火分区。防火分区之间的防火分隔措施应符合防止火灾在不同防火分区之间蔓延的要求。

例如，对于一座一、二级耐火等级且设置自动喷水灭火系统的3层商店建筑，在营业厅内设置中庭且在中庭内布置商业经营摊位，商店每层的建筑面积为6 000m²，中庭自首层贯通至三层，中庭地面的建筑面积为600m²。按照上述方法，可以将中庭的地面视为与首层连通的其他区域中营业厅的一部分，按照每个防火分区的最大允许建筑面积不大于5 000m²，将首层划分为2个防火分区，并在第二、三层连通中庭的开口处采用防火墙、耐火极限不低于3.00h的防火卷帘或防火玻璃墙、甲级防火门等进行分隔，见图2–31。

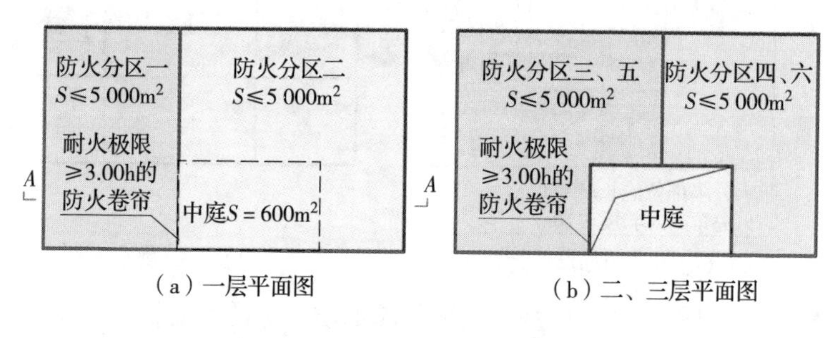

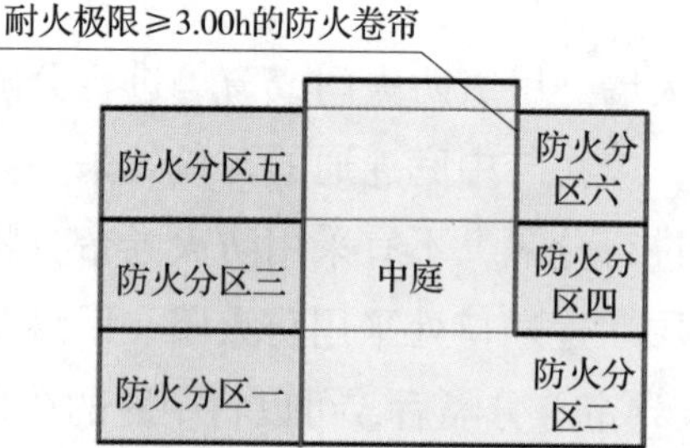

图2–31 防火分区之间的防火分隔示意图

2）将与中庭连通的区域（包括与中庭同层和不同层的连通区域）的建筑面积与中庭楼地面的建筑面积叠加计算，按照国家相关标准对相应建筑一个防火分区的最大允许建筑面积要求，在各层的防火分区划分处采用防火墙、甲级防火门或窗等进行分隔，见图 2–32。

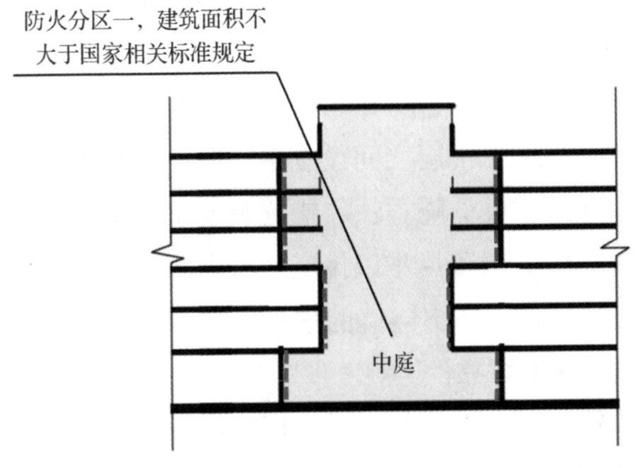

图 2–32　采用防火墙等进行分隔的中庭示意图

（4）对于允许在中庭内布置可燃物的建筑，当按照上述方法进行防火分隔，且需要采用防火玻璃墙时，宜采用隔热性防火玻璃墙，防火玻璃墙的耐火极限不应低于 3.00h；当采用非隔热性防火玻璃墙时，应采用自动喷水灭火系统等防护冷却水系统保护，防护冷却水系统的持续喷水时间不应小于 3.00h。中庭周围连通空间中上、下层开口之间的防火分隔，应符合现行国家标准有关建筑外立面防火的规定。例如，国家标准《建筑设计防火规范》GB 50016—2014（2018 年版）第 6.2.5 条的规定。

2.5.3 其他

1. 中庭贯通建筑的地上楼层和地下楼层时的防火分隔

现行国家相关标准没有限制在建筑的地下楼层与地上楼层之间设置中庭。但由于发生在地下空间的火灾难以扑救，烟气和热难以排出，地下建筑或建筑地下楼层的防火标准与建筑地上楼层的防火标准有所区别，因此要尽量避免在建筑的地下楼层之间、地上楼层与地下楼层之间采用中庭贯通。

在建筑的地下楼层之间设置中庭时，其防火分隔与地上建筑内中庭的防火分隔方法、措施及要求基本相同，但要考虑到火灾产生的烟和热难以排出的特点，适当提高防火隔墙的耐火极限（建议防火隔墙的耐火极限不低于2.00h），确保防火分隔措施的可靠性。

在建筑的地上楼层与地下楼层之间采用中庭贯通时，一般不允许在中庭内布置可燃物，或设置摊位、展台等。对于在建筑的地上楼层与地下楼层之间设置的中庭，地下楼层要尽可能在中庭与地下楼层的连通开口处采取防火分隔措施，将中庭作为一个独立空间，不与地下楼层的其他连通区域划分为同一个防火分区，并尽量采用防火墙、防火隔墙分隔，严格控制采用防火卷帘、防火分隔水幕等方式分隔；在地上楼层中，中庭与楼层上连通区域的防火分隔，可以采取本章第2.5.1部分和第2.5.2部分的相关方法和措施。

当地下楼层用于商店，且地下商店部分的总建筑面积大于20 000m^{2}时，需要在各层采用防火墙和甲级防火门将商店分隔成若干个总建筑面积不大于20 000m^{2}的区域，通过中庭

连通的各层商店区域的总建筑面积与中庭楼地面的建筑面积之和也应小于或等于 20 000m²。此后，再按照本章第 2.5.1 部分和第 2.5.2 部分的相关方法对中庭及其连通区域进行分隔，见图 2–33。

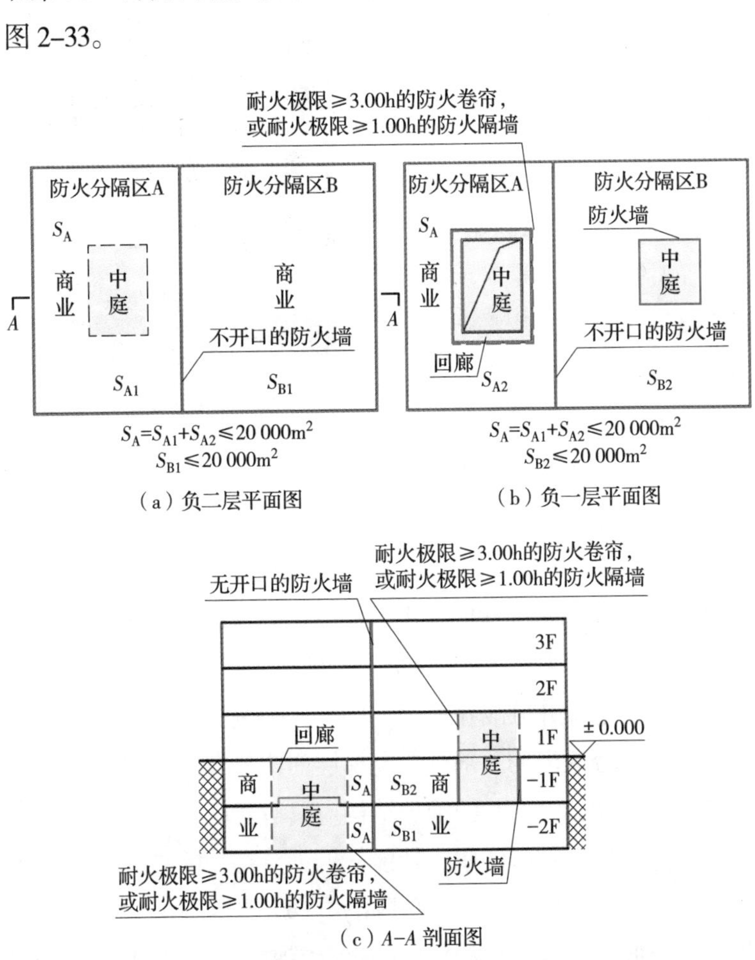

图 2–33　地下楼层与地上楼层之间设置中庭时的防火分隔示意图

2. 中庭内设置电梯时的防火分隔

图 2–34　中庭内设置观光电梯

一些餐饮建筑、旅馆建筑、商店建筑、办公建筑等建筑，中庭一般设置在主要出入口处的首层，在中庭内也常设置电梯，且多采用通透性玻璃围护结构，以满足观光、人员的竖向交通等要求，见图 2–34。此时，电梯井是贯通建筑中上、下楼层的竖向井道，容易成为火和烟气竖向蔓延的通道。因此，当在中庭与各楼层相连通的开口处进行防火分隔时，如将电梯井分隔在中庭一侧的空间内，则对此电梯井及其围护结构无防火性能要求，即电梯井可以采用无耐火性能的结构，围护玻璃可以采用普通安全玻璃，而不要求采用防火玻璃等；如将电梯井分隔在中庭空间外，则电梯井和电梯属于各楼层上防火分区内的一部分，电梯层门应具有国家相关标准规定的耐火性能，电梯井的围护结构应具有对应各层与中庭连通处防火分隔要求相同的耐火性能。例如，在一座二级耐火等级的建筑中，中庭内需要防火分隔的电梯井，其围护结构的耐火极限不应低于 1.00h，电梯层门的耐火完整性能不应低于 2.00h，见图 2–35。在实际工程中，宜将此类电梯井作为中庭空间内的一部分分隔在中庭内，不宜划分到各楼层的防火分隔区域内。

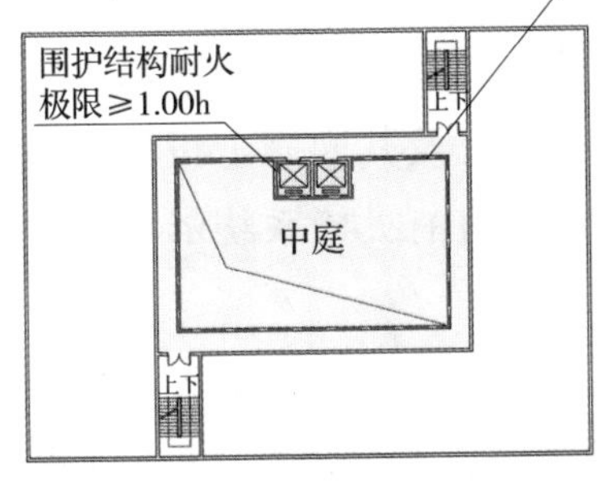

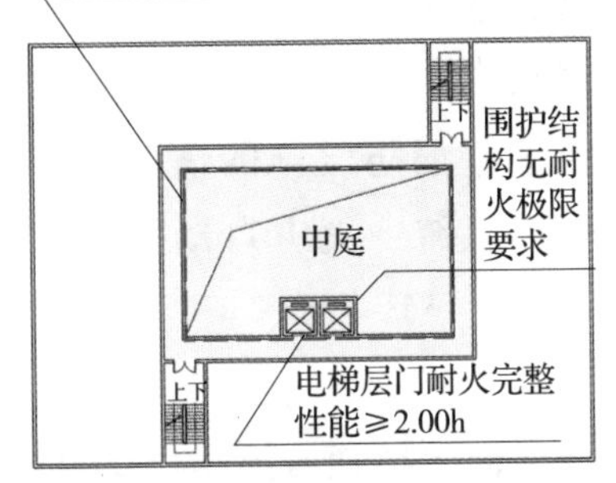

图 2–35　中庭内电梯井的防火分隔示意图

2.6　中庭内的消防设施设置

在中庭周围的场所、具有可燃物的中庭内设置灭火设施，可以控制火灾进一步发展，有利于阻止火灾经中庭蔓延。但是，实际建筑的功能、规模、高度有较大差异，有的建筑或建筑内的部分场所需要设置自动灭火系统或火灾自动报警系统，或者同时设置自动灭火系统和火灾自动报警系统，有的建筑不需要或者未设置这两类消防设施，有的建筑甚至无室内消火栓系统。因此，当建筑内要求设置或已经设置自动喷水灭火系统、火灾自动报警系统、室内消火栓系统时，在中庭中设置相应的消防设施具有较好的条件，中庭及其回廊可以根据控制火灾和烟气的需要设置相应的消防设施；当建筑内不要求设置或未设置自动喷水灭火系统、火灾自动报警系统、室内消火栓系统时，则需充分论证在中庭、回廊及中庭周围场所内设置这些消防设施的必要性。例如，建筑高度不大于15m或体积不大于10 000m³的办公建筑、教学建筑，通常不要求设置室内消火栓系统、自动喷水灭火系统和火灾自动报警系统。如在建筑其他区域不设置这些消防设施的情况下，则在中庭及其回廊上设置自动灭火系统、火灾自动报警系统、室内消火栓系统的必要性不大。

本节主要讨论灭火设施、火灾报警设施的设置。中庭的烟气控制较其他消防设施设置更复杂，有关防烟、排烟系统等烟气控制系统的设置将在第3章讨论。

2.6.1 灭火器和室内消火栓系统

（1）灭火器的设置。灭火器是扑救建筑中初起火的基本消防器材，具有轻便灵活，操作使用简单等特点。无论中庭是否允许布置可燃物，均应在建筑中庭的楼地面及其回廊区域内配置灭火器。中庭内的火灾以可燃固体燃烧为主。一般，可以选用手提式水基型或ABC干粉灭火器。对于工业与民用建筑以及地铁车站，当在中庭及其回廊内不允许布置可燃物时，可以按照轻危险级配置灭火器；当在中庭内允许布置可燃物时，需要按照中危险级配置灭火器。

（2）室内消火栓系统的设置。在建筑内设置室内消火栓系统，主要用于控制室内的初中期火。根据国家标准《建筑设计防火规范》GB 50016—2014（2018年版）和《地铁设计防火标准》GB 51298—2018的规定，涉及可能具有中庭的下列建筑需要设置室内消火栓系统：地铁车站，高层公共建筑，体积大于 5 000m^3 的车站、码头、机场的候车（船、机）建筑、展览建筑、商店建筑、旅馆建筑、医疗建筑、老年人照料设施和图书馆建筑等多层建筑，建筑高度大于 15m 或体积大于 10 000m^3 的办公建筑、教学建筑和除上述民用建筑外的其他多层公共建筑。

因此，在上述建筑内的中庭可以按照下述方式设置室内消火栓系统。

1）当在中庭内不允许布置可燃物时，在中庭区域内可以不单独设置室内消火栓系统，但要设置消防软管卷盘。当中庭设置回廊，或在中庭周围布置建筑面积较小的商铺、办公室、客房等房间时，可以将消火栓设置在中庭周围的回廊上、中庭周围的这些房间外；在中庭周围区域内布置室内消火栓时，要尽量兼顾对中庭区域的灭火救援需要。

2）当在中庭内允许布置可燃物时，应将中庭的楼地面作为一个独立的区域，按照相应建筑高度和使用功能的建筑中室内消火栓系统的设置要求布置室内消火栓。例如，对于绝大部分建筑，室内消火栓的充实水柱和设置间距应满足同一平面有 2 支消防水枪的 2 股充实水柱同时达到中庭楼地面所在楼层的任何部位的要求，且间距不应大于 30.0m。对于中庭上空存在可燃物的区域，主要依靠中庭周围回廊处或连通区域内设置的室内消火栓保护；当在中庭的楼层连通口处进行防火分隔时，由于中庭上空是一个可燃物较少或没有可燃物的空间，无实际使用功能，因此除中庭的楼地面区域外，同层不需要考虑室内消火栓对中庭上空的保护作用。室内消火栓系统的有关技术参数和设置要求应符合国家标准《消防给水及消火栓系统技术规范》GB 50974—2014 的规定。

需要注意的是，当在中庭周围布置建筑面积较小的商铺、办公室、客房等房间时，在中庭楼地面上布置在这些房间外并服务于这些房间的室内消火栓中，能够满足控制中庭火灾要求的消火栓均可以计入中庭区域需要设置的消火栓数量。这与建筑中一般要按同一平面内的不同防火分区考虑室内消火栓的布置要求有所区别。尽管国家标准《消防给水及消火栓系统技术规范》GB 50974—2014 第 7.4.6 条规定，室内消火栓的布置应满足同一平面有 2 支消防水枪的 2 股充实水柱同时达到任何部位的要求，但考虑到在建筑中的防火分区之间主要采用防火墙、防火卷帘和甲级防火门分隔，一般一个防火分区的室内消火栓不能计入另一防火分区所需布置的消火栓数量。当防火分区之间不是采用防火墙、防火卷帘等这种实体的防火分隔措施分隔，而是采用如防火隔离带、防火分隔水幕等分隔时，位于相邻防火分区分隔处附近的室内消火栓可以按照规定的布置间距和充实水柱进行设置。位于防火墙上甲级防火门附近的室内消火栓如需计入防火墙另一侧区域的消火栓数量时，需要按照其充实水柱和建筑室内的保护高度进行校核，正常情况下不应这样布置。

2.6.2 自动灭火系统

在建筑内设置自动喷水灭火系统等自动灭火系统，主要用于扑灭和抑制室内的初起火。根据国家标准《建筑防火通用规范》GB 55037—2022、《建筑设计防火规范》

GB 50016—2014（2018年版）的规定，涉及可能具有中庭的下列建筑需要设置自动喷水灭火系统等自动灭火系统：

（1）高层公共建筑及其地下、半地下室。

（2）设置送回风道（管）的集中空气调节系统且总建筑面积大于3 000m^2的多层办公建筑等。

（3）藏书量超过50万册的多层图书馆。

（4）任一层建筑面积大于1 500m^2或总建筑面积大于3 000m^2的多层展览建筑、多层商店建筑、多层餐饮建筑、多层旅馆建筑以及多层病房楼、门诊楼和手术部，总建筑面积大于500m^2的地下或半地下商店等建筑。

可用于控制建筑内初起火的自动灭火系统主要有自动喷水灭火系统、细水雾灭火系统、气体灭火系统、自动跟踪定位射流灭火系统、泡沫灭火系统、干粉灭火系统、厨房设备灭火装置等。根据不同灭火系统所用灭火剂及系统的设置要求，比较适合用于中庭的自动灭火系统主要为自动喷水灭火系统和自动跟踪定位射流灭火系统。中庭及其回廊是否需要设置自动灭火系统，可以根据建筑是否设置自动灭火系统、中庭的高度和中庭内的实际火灾荷载情形确定。

（1）当建筑设置自动喷水灭火系统时，中庭周围回廊处应设置自动喷水灭火系统。回廊上的自动喷水灭火系统设置可以与相邻区域的系统一起考虑，但在灭火系统分区时，需要结合中庭的防火分隔部位是在中庭的开口边沿处还是在回廊与楼层上的连通区域处确定。当中庭的防火分隔位于其开口边沿处时，回廊上的自动喷水灭火系统可以与回廊所在防火分区的灭火系统作为同一个系统进行分区；当中庭的防火分隔位于中庭的回廊与楼层上其他区域的连通处时，需要将回廊上的自动喷水灭火系统单独进行分区，或者与中庭内的自动喷水灭火系统作为同一个分区。

（2）当建筑设置自动喷水灭火系统时，如中庭内允许布置可燃物或具有火灾危险性的实际使用功能，需要根据中庭的宽度和高度在中庭顶部或其开口边沿处设置相应的自动灭火系统。当中庭的空间高度不大于12m时，可以选用闭式自动喷水灭火系统，布置在中庭的顶部；当中庭的空间高度大于12m时，可以选用喷洒型自动跟踪定位射流灭火系统，将灭火装置布置在中庭的开口边沿处或顶部。当中庭内的可燃物高出一个楼层或几个楼层时，还需要在其他楼层的中庭开口周围设置自动跟踪定位射流灭火系统的灭火装置（即喷水头），使系统的喷头洒水或灭火装置的射流能够完全覆盖中庭内的可燃物。如不允许在中庭内布置可燃物，无论中庭是否存在少量可燃物体，中庭区域均可以不设置自动灭火系统保护。

目前，实际建筑的中庭也有一些采用消防水炮灭火系统进行保护的做法。对于工业与民用建筑的中庭，可能的可燃物主要为可燃固体，火灾的发展速率主要为中速或慢速火，少数为快速火。因此，考虑到中庭的空间高度和平面尺寸、可燃物的类型和分布状态等情况，采用固定消防水炮灭火系统或自动跟踪定位射流灭火系统中的自动消防炮灭火系统（即灭火装置的流量大于16L/s的系统）的必要性不大。

（3）当建筑未设置自动喷水灭火系统时，在中庭楼地面所在区域、中庭各层的回廊、中庭的顶棚下，均可以不设置自动灭火系统。因为按照国家标准规定不要求设置自动灭火系统的建筑，属于火灾危险性较低或者建筑规模较小的建筑。因此，此类中庭本身的火灾危险性，或者火灾经中庭蔓延所产生的火灾危害较小。

（4）自动喷水灭火系统、自动跟踪定位射流灭火系统的有关技术参数和设置要求应符合国家标准《消防设施通用规范》GB 55036—2022 的规定，也可以直接按照国家标准《自动喷水灭火系统设计规范》GB 50084—2017、《自动跟踪定位射流灭火系统技术标准》GB 51427—2021 的规定确定。

2.6.3　火灾自动报警系统

在建筑内设置火灾自动报警系统，主要用于早期探测火灾信息并发出火灾警报，警示并引导工作人员采取报火警、扑救初起火和组织人员疏散的行动，联动防排烟系统及其他需要火灾自动报警系统联动的自动灭火系统、防火卷帘等相应区域的建筑消防设施。根据国家标准《建筑防火通用规范》GB 55037—2022 和《地铁设计防火标准》GB 51298—2018 的规定，涉及可能具有中庭的下列建筑需要设置火灾自动报警系统：

（1）地铁车站，商店建筑、展览建筑、财贸金融建筑、客运和货运建筑等类似用途的建筑，旅馆建筑。

（2）藏书量超过 50 万册的图书馆、重要的档案馆。

（3）地市级及以上广播电视建筑、邮政建筑、电信建筑，城市或区域性电力、交通和防灾等指挥调度建筑。

（4）床位数不少于 100 张的医院的门诊楼、病房楼等。

（5）除上述建筑外的其他一类高层公共建筑。

当建筑内除中庭外的其他区域设置火灾自动报警系统时，中庭、中庭各层的回廊均应设置火灾自动报警系统；当建筑内未设置火灾自动报警系统时，中庭、中庭各层的回廊均可以不设置火灾自动报警系统。但是，当中庭设置了需要与火灾自动报警系统联动的灭火系统、自然排烟设施或机械排烟系统、防火分隔用防火卷帘等消防设施时，中庭及其各层的回廊均需要设置火灾自动报警系统。

中庭内的火灾自动报警系统应与建筑内其他区域的火灾自动报警系统同步设置、集中管理。中庭内火灾探测和报警装置的设置要求，需要根据中庭的空间高度、中庭内可燃物的类型和分布状态等，按照国家标准《消防设施通用规范》GB 55036—2022、《火灾自动报警系统设计规范》GB 50116—2013 的规定确定。当中庭仅在其楼地面层设置自动跟踪定位射流灭火系统，无其他火灾联动控制要求时，一般可以不再单独设置火灾自动报警系统，而直接利用与该灭火系统配套的火灾自动探测与联动装置的输出信号作为火警信号。适用于设置在中庭内的火灾探测器，主要有线型光束感烟火灾探测器，红外或紫外火灾探测器、图像型火灾探测器，吸气式感烟火灾探测器等；对于中庭回廊和空间高度不大于 12m 的中庭，主要采用点型感烟火灾探测器。

第 2 章　小结

本章介绍了防火墙、防火隔墙（包括防火玻璃隔墙）、防火卷帘、防火门、防火窗、防火隔离带等建筑中可以用于中庭防火分隔的常见措施，分析了火灾经中庭蔓延的过程，针对不同类型、不同功能的中庭，讨论了这些防火分隔措施在中庭部位的应用及其技术要求、灭火设施的设置要求和选型等。

本章重点介绍了中庭部位在竖向和水平方向的防火分隔，未涉及烟气在中庭部位的蔓延和控制。有关烟气在中庭内的蔓延和控制方法、措施及其技术要求，将在第 3 章讨论。

控制火灾经中庭蔓延的基本方法有：

（1）控制中庭内可燃物的数量、分布状态和燃烧特性。

（2）采取有效、可靠的防火分隔措施，将中庭与其周围的连通区域合理划分防火分隔区域。

（3）利用中庭的开口宽度设置足够的空间间隔，防止火灾在开口周围具有可燃物等火灾危险性的区域之间蔓延。

（4）在建筑内直接连通中庭的上、下层开口之间，设置一定高度的实体墙或一定宽度的回廊、挑檐。

（5）根据建筑的高度和面积大小，在中庭周围的场所、具有可燃物的中庭内设置自动灭火系统等灭火设施。

（6）在中庭、中庭回廊、与中庭连通的其他区域内设置烟气控制系统，尽快排出火灾产生的烟气和热。

需要特别说明的是，对于同一座建筑，无论中庭内是否允许布置可燃物，同一楼层中不同位置的中庭以及同一中庭与不同楼层连通处的防火分隔方式和防火分隔措施应具备的防火性能要求，不仅可以不同，而且应该根据连通区域的火灾危险性高低和中庭开口的尺寸等因素确定，确保中庭与相邻区域连通处的防火分隔可靠、有效。

第3章　中庭防止烟气蔓延的方法和技术

3.1　中庭烟气控制的目的和目标

中庭是建筑中一个贯通多个楼层的室内空间，当在中庭内或在连通中庭的周围区域内发生火灾时，烟气会因在中庭内不同高度处的气温不同而产生一定的正向或逆向烟囱效应，并通过中庭蔓延至与中庭连通的其他空间或楼层。当建筑外部温度或中庭上部温度较低时，可以产生正向烟囱效应，迫使烟气从下部向上部空间流动；当建筑外部温度较高或中庭下部温度较低时，会在气温较高的区域产生烟障而导致烟气难以继续上升，甚至可能形成逆向烟囱效应，使烟气从上部向下部空间流动。上下温差越大，这种现象越明显，烟囱效应越强烈。同时，在发生火灾的区域内会因高温使周围气体膨胀而产生一定火风压，迫使烟气向周围区域流动并水平蔓延进入中庭或与中庭连通的空间。

尽管根据国家标准《建筑设计防火规范》GB 50016—2014（2018年版）的规定，在中庭内不允许布置可燃物。但实际上，中庭作为建筑内的一个共享空间，总是会存在一定数量的可燃物，如可燃和难燃性的沙发和座椅、木质家具、装饰性物体以及绿植等，有的中庭还可能临时用作展览、设置摊位或布置节日庆祝饰品及儿童活动场所等。

本书的讨论不仅限于现行国家相关标准的规定，还包括允许在中庭内布置可燃物的情形。因此，针对中庭的烟气控制，在具有中庭的建筑内发生火灾有两种情形：一种是火灾发生在与中庭连通的周围区域内，烟气和火势通过与中庭连通的开口进入中庭，并经中庭上下蔓延至其他空间；另一种是火灾发生在中庭内，火势和烟气经中庭上下蔓延至其他与中庭连通的空间。

当在与中庭连通的周围区域内发生火灾时，对中庭采取烟气控制措施，旨在将火灾产生的烟气能够有组织地排出至建筑外，防止烟气进入中庭并经过中庭蔓延至其他与中庭连通的空间。当在中庭内发生火灾时，对中庭采取烟气控制措施，旨在控制火灾产生的烟气，使其不会蔓延出中庭，并有组织地将烟气直接排出至室外。无论哪种形式的中庭，也无论火灾是否发生在中庭内，对中庭实施烟气控制的目的均可以表述为：

（1）限制火灾烟气的蔓延范围，为着火区域和其他非着火区域的人员疏散提供更多的安全时间。

（2）为专业消防救援人员进入建筑实施消防救援提供更有利的室内环境条件。

（3）减小火灾产生的热烟气对室内设施设备、建筑结构和装修等的危害，缩短火灾后恢复建筑使用的时间，减少经济损失。

由于为消防救援提供有利条件和减小经济损失这两个目标难以直接量化，一般以各类工程建设消防技术标准的要求体现，本书将不做重点讨论。本章对中庭的烟气控制方法和计算分析等，均主要基于在建筑发生火灾时，限制烟气通过中庭蔓延的范围，确保人员可以安全疏散这一目标。正常情况下，在建筑竖向是采用耐火楼板划分防火分区或不同的防火分隔区域，在水平方向是采用防火墙等划分防火分区或不同的防火分隔区域，并且当建筑发生火灾时需要组织建筑全部楼层上的人员同时疏散。具体疏散策略还需要结合建筑中各楼层的实际使用功能或用途对应的使用人数及其构成情况等人员特性，火灾类型和规模等火灾特性，建筑内灭火、排烟和火灾自动报警系统等消防设施的设置情况，建筑的耐火等级，建筑高度和楼层面积等因素确定。对于超高层建筑、巨大平面的建筑、建筑的地上楼层与地下楼层是否可以分阶段疏散，则应综合分析建筑的火灾特性、建筑的耐火性能、建筑楼层上的空间特性等情况后确定。例如，当地上楼层与地下楼层无中庭或其他竖向开口连通时，地上楼层和地下楼层的疏散允许分阶段疏散。但是，无论是建筑整体同时疏散，还是按楼层或区域分阶段疏散，均应首先疏散着火层及其上一层和下一层的人员；对于地下建筑，则应同时疏散地下所有楼层的人员。

在实践中，针对不同类型的中庭、中庭及与中庭连通区域的不同功能或用途、人员疏散策略和疏散路线组织，中庭的烟气控制目标有所区别。

（1）当中庭贯通多个楼层，中庭与楼层上连通区域的总建筑面积未超过一个防火分区的最大允许建筑面积，且中庭与楼层上连通区域之间未按要求采取防火分隔措施（本章将此类中庭定义为第一类中庭）时，中庭及与中庭连通的各层需要在发生火灾时采取同时疏散人员的策略。此类中庭的烟气控制目标可表述为：确保中庭及各层的人员均能在烟气蔓延至可能对人身安全产生危害前疏散至室内外的疏散安全区。

（2）当中庭贯通多个楼层，中庭与楼层上的连通区域之间按照要求采取了防火分隔措施，中庭在各层的开口周围设置回廊，且中庭或回廊在火灾时需要用于楼层上的人员疏散（本章将此类中庭定义为第二类中庭）时，中庭及与中庭连通的各层需要在发生火灾时采取同时疏散人员的策略。此类中庭的烟气控制目标可表述为：确保中庭及各层回廊上的人员均能在烟气蔓延至可能对人身安全产生危害前疏散至室内外的疏散安全区。

（3）当中庭贯通多个楼层，中庭与楼层上的连通区域之间按照要求采取了防火分隔措施，各楼层的人员均不需要经过中庭或中庭的回廊疏散（本章将此类中庭定义为第三类中庭）时，中庭相当于一个完全独立的高大空间。在建筑发生火灾时，对于中庭及其回廊上的人员疏散而言，可以采取首先疏散中庭楼地面上人员的策略，各层回廊上的人员经相应楼层的疏散楼梯疏散。此类中庭的烟气控制目标可表述为：确保中庭和中庭回廊内的人员均能在烟气蔓延至可能对人身安全产生危害前疏散至室内外的疏散安全区。当其他区域或楼层有人员需经中庭的楼地面疏散时，中庭的烟气控制应在该层保证必需的清晰高度，即烟气层应位于满足人员安全疏散所需室内空间高度之上。由于中庭的空间高度较高，如果单纯考虑烟气的清晰高度，往往会在中庭内蓄积大量烟气，且烟气层厚度大。因此，在确定清晰高度时应考虑烟气中毒性气体的扩散作用。

3.2　烟气控制的方法

建筑中一个区域内的人员在火灾情况下疏散的安全性，取决于人员能否在火灾的热辐射作用，或者火灾烟气的温度和毒性等的作用达到人体耐受极限之前脱离受高温和烟气作用的危险区域。这与人员是否位于火源附近或者远离着火区域、人员离开受到火灾和烟气影响区域的时间有关。在正常情况下，针对人员疏散的安全性目标，可以采用下述准则判定建筑中烟气控制的有效性。

（1）对于常规室内净高的场所，如商店营业厅、敞开式办公场所、餐厅等场所，在人员疏散出这些场所必需的时间内，烟气控制系统应能阻止烟气进入这些区域或将这些区域发生火灾所产生的烟气维持在距离楼地面一定高度以上，使场所内的清晰高度不低于 2.1m。

（2）对于室内净高较高的场所，如体育馆的观众厅、剧场的观众厅、中庭、高大的展览厅等场所，以及其他受室外风压等影响难以在室内形成稳定烟气层的场所，可以通过补充新鲜空气，稀释室内烟气环境来降低室内的环境温度、提高能见度。

为实现上述烟气控制目标，常规的烟气控制方法有以下几种：

（1）对于着火区域外的其他区域，通过设置防火墙、防火隔墙、防烟隔墙或防火卷帘以及防火封堵等被动防火措施阻止外部的烟气进入，或者通过对需要防止烟气进入的这些空间采取机械加压送风措施，使防烟区域具有比着火区或烟气扩散区更高的气压，阻止烟气侵入。

（2）对于着火区域，主要通过排烟的方式，使其与相连通的空间形成相对负压区，阻止火灾产生的烟气外溢；或者采用配合在着火区域的外部空间机械加压送风，在着火区域排烟的方式阻止火灾产生的烟气外溢。对于中庭容积巨大、中庭及其周围区域的火灾危险性较小，或者中庭周围空间高大的情况，可以直接利用着火区域所在空间（中庭或中庭周围的场所）本身巨大的储烟能力将火灾烟气蓄积在高处，并通过设置在中庭上部的自然排烟口将烟气排出至室外。

在实践中，建筑内的烟气控制方法大体上可以分为储烟法、排烟法、控烟法和稀释烟气法 4 种。这几种方法可以单独使用，但多数情况下是混合使用。

3.2.1 储烟法

储烟法是一种在火灾时利用建筑内部空间自身的容积蓄积火灾产生的烟气，并使烟气不蔓延至其他空间，不需要设置专门的排烟设施排出烟气的烟气控制方法。这种方法适用于建筑室内净空高度高、空间容积大、潜在火灾危险性较小，且火灾不会发生大面积蔓延、不会发展成为通风控制型燃烧状态的情况。在这种情况下，火灾产生的烟气将蓄积于着火空间的上部，或溢流出着火区后蓄积在中庭的上部，在火灾持续时间或在人员疏散所需时间内，烟气不会对人员疏散产生有害作用或不利影响。由于火灾不会发生大面积蔓延，也不会发生轰燃，在火灾被扑灭或可燃物燃烧尽以前，该空间内的排烟需求不是很急迫，可以采取自然排烟的方式排出烟气，或者在烟气自然冷却后，利用排风系统排除烟气。当采用自然通风方式排烟时，对自然通风排烟口（例如外窗或天窗）的有效开口面积大小、开启数量和火灾后开启排烟的时间没有严格要求，只需要尽可能多地设置自然排烟口，在火灾发生后尽快开启排烟口，能够在火灾持续期间及火灾后可以逐渐排出烟气即可。

可以采用储烟法控制烟气的常见场所有：大中型民用机场航站楼的值机公共区、大中型高铁车站的候车厅、体育馆的比赛厅、剧场中具有高大空间的观众厅、旅馆和办公建筑中不需要经回廊疏散并贯通至屋顶的高大中庭等。

3.2.2　排烟法

排烟法是一种在火灾时利用自然排烟或机械排烟等方式将火灾产生的烟气排出至室外的烟气控制方法。这是一种常用的建筑烟气控制方法，可以有效控制火灾烟气在室内的影响范围和烟气浓度，适用于各类室内净空高度和建筑面积的建筑空间，特别是室内净高较低和建筑面积较小的场所。对于室内净高较高、建筑面积较大的空间，火灾产生的烟气在水平方向和竖向蔓延的过程中会卷吸大量冷空气，使烟气的浓度快速得到稀释、烟气的温度降低，导致超过一定高度的空间难以通过自然排烟方式排出烟气，或者通过机械排烟方式排出的是烟气与冷空气的混合物，使空间内的排烟效率受到影响。

排烟法可以采用自然通风排烟和机械强制排烟两种方式

实现排烟目的，这两种排烟方式各有利弊。

（1）自然排烟。自然排烟是一种依靠建筑室内空间不同高度处的烟气温度差产生的浮升力，利用设置在建筑外墙上部或屋顶上的自然通风口将烟气排出至室外的排烟方式。这种排烟方式对室外的风向、风速和温度等室外自然环境条件较为敏感。当室内空间的净高度较高时，烟气可能会在浮升过程中因温度差减小而失去浮力，难以到达空间上部的自然排烟口；当室外风速较高，且正对自然排烟口时，因室外风压的作用而难以排出烟气，甚至发生倒灌现象。但是，自然排烟方式对火灾规模不敏感。当实际火灾的规模超过预计的规模时，烟气温度高、浮升力更大，可能产生更强烈的烟囱效应，通过排烟口排出的烟量和热量也更大，有利于自然排烟。

（2）机械排烟。机械排烟是一种利用排烟风机将烟气强制排出至室外的排烟方式，通常还需要设置排烟口和排烟管道。这种排烟方式具有不容易受到室外自然环境条件的影响，比如室外的自然风环境、室内外温差等，但通常需要在排烟时向排烟区域辅助补风，排烟设施和设备需要考虑能够耐受一定时间较高温度的烟气的作用，防止有毒烟气和火灾经排烟管道引入排烟管道经过的非着火区域。为此，我国国家标准《建筑设计防火规范》GB 50016—2014（2018 年版）等消防技术标准规定，在机械排烟系统穿过防火分隔用的墙体、楼板等部位需要设置在烟气温度达到 280℃时能自动关闭的排烟防火阀，并要求经过其他防火分隔区域的排烟管道具有一定时间的耐火性能，当排烟防火阀关闭时应具有联动关闭相应排烟风机的功能，使排烟防火阀在关闭时能根据设计要求联动控制关闭系统中需要关闭的排烟风机。显然，在建筑面积较小的空间中，火灾的烟气温度可在较短时间内达到280℃，使排烟防火阀在短时间内被关闭，当此时如果联动关闭排烟风机，将不能很好地发挥机械排烟系统的作用。另外，如果机械排烟口的布置数量、位置、大小及形状不合理，还会导致排烟口的排烟速度过高而发生“吸穿”现象，即排烟口在排烟时会形成一个穿透烟气层的孔洞，将烟气层外不含烟气的空气吸入排烟系统，使系统的排烟效率受到影响。这些都需要在设计机械排烟系统时校核排烟口的风速以予以避免。对于中庭，通常难以出现上述不利情况，但对于中庭周围的回廊及其连通区域的机械排烟系统，如设计不合理，易出现这些问题。

因此，为了保证一个排烟系统排烟的有效性，应注意综合考虑建筑的室内空间高度、可燃物类型及其火灾规模、排烟方式、排烟口的设置位置和分布、每个排烟口的大小和形状、每个排烟口的排烟量、向室内补风的方式和补风量、补风口的大小和位置、外部的自然环境条件等因素。

在排烟的同时需要向室内的排烟区域补风，才能保证排烟的有效性。对于排烟过程中的补风，Ayala 等人通过 3 个足尺实体火灾模拟试验和一系列的数值模拟结果表明，补风风速与火灾规模、补风口的布置等均有关系[①]。该研究认为，1.0m/s 的补风风速可以视为一个临界值。当补风风速不大于

① Ayala，P.，Cantizano，A.，Rein，G，et al. Factors Affecting the Make-Up Air and Their Influence on the Dynamics of Atrium Fires［J］. Fire Technology，2018，54：1067-1091.

1.0m/s，且火灾的热释放速率较小时，补风风速对烟气的沉降没有明显影响；当火灾热释放速率和补风风速增加或补风口呈非对称布置时，会引起紊流、涡流等导致烟气层沉降或烟气层界面不清晰的情况。Rafinazari Amir 和 Hadjisophocleous George 的研究表明，中庭的补风风速可以增大至 1.5m/s；当补风风速达到 2m/s 时，将会对烟气层高度造成一定的影响[①]。根据我国国家标准《建筑防烟排烟系统技术标准》GB 51251—2017 的规定，结合美国消防工程师学会出版的 *SFPE Handbook of Fire Protection Engineering*（*Fifth Edition*）（简称 SFPE Fifth Edition）、英国标准指南 *Fire Safety Engineering CIBSE Guide E*（*2019*）（简称 CIBSE Guide E）给出的部分建议，排烟系统的补风设计需遵循以下原则：

（1）当利用建筑中的疏散门洞口补风时，穿过门洞口的风速不应大于 5m/s，以避免影响人员的疏散行动。补风口的位置建议低于烟气层的下沿不小于 1m；当补风口靠近烟气层时，补风风速不应大于 1m/s。

（2）当采用机械排烟方式时，补风量应基于置换空气的体积平衡，而不是质量平衡；当采用自然排烟方式时，补风量应基于置换空气的质量平衡。对于容积较小的空间，机械排烟系统不应采用机械补风方式。因为在这二者之间会产生一个压力平衡点，该压力平衡点随火源的大小而变化，可能严重影响作用于疏散门上的压力。

① Rafinazari Amir，Hadjisophocleous George. A Study of the Effect of Make-Up Air Velocity on the Smoke Layer Height with Symmetric Openings in Atrium Fires［J］.Fire Technology，2018，54：229-253.

（3）我国国家标准《建筑防烟排烟系统技术标准》GB 51251—2017 有关补风量的要求，即补风量不应小于排烟量的 50%，应为基本的要求。由于现代建筑的密闭性能良好，墙体和关闭的门窗等构造的漏风量小。对于排烟量较小的空间，当按照国家标准要求设计，如补风量不小于排烟量的 50%，可以依靠房间中门窗等的漏风量补充；对于中庭等排烟量大的空间，需要注意校核补风量，避免补风量不足导致排烟的有效性降低。另外，美国消防协会标准 NFPA 92–2024 *Standard for Smoke Control System*（简称 NFPA 92）附录 A 第 A4.4.4.1 条建议补风量应为排烟量的 85%~95%。在实际工程中，当中庭采用机械排烟方式时，建议其补风尽量按排烟量的 80% 考虑，也即假定通过门窗和结构缝隙等其他方式补充的空气量约为排烟量的 20%。

3.2.3　控烟法

控烟法是一种在建筑内的相邻空间之间采取设置物理挡烟设施，使该相邻空间具有一定的气压差等措施，将烟气限制在预定空间内的烟气控制方法。这种烟气控制方法通常是采用加压送风的方式，在相邻空间的连通口处产生一定风速的方式来实现。

在建筑中，采用控烟法控制烟气的典型场所和部位主要有：

（1）不具备自然排烟条件的封闭楼梯间、防烟楼梯间及其前室、消防电梯的前室，避难走道的前室。采用加压送风的方式向这些楼梯间、前室送风，在楼梯间、前室与楼层上的走道或房间等区域之间依次形成一定的压差，可以起到阻止火灾的烟气侵入楼梯间、前室的作用。

（2）城市轨道交通中的区间隧道、设置中隔墙的单洞双线区间隧道。在区间隧道一端向隧道内单向送风，使隧道仅在火源一侧有烟气，另一侧无烟气，利用无烟气的一侧组织人员疏散和消防救援人员进入着火段的隧道；或者向非着火隧道内加压送风，使烟气经中间隔墙上的洞口进入着火隧道，阻止烟气进入非着火隧道，人员经中间隔墙上的洞口进入非着火隧道疏散，消防救援人员经非着火隧道进入和接近相邻隧道的着火区域。

（3）地铁车站中站台公共区与站厅公共区之间的楼扶梯口部。通过站台公共区排烟，在站台公共区与站厅公共区之间的楼扶梯口部形成从站厅至站台且风速不小于 1.5m/s 的气流，阻止站台上的火灾烟气进入站厅公共区，为人员疏散和消防救援提供有利的条件。

对于中庭，可以视实际中庭及其周围连通空间的大小、火灾规模及其烟气生成量、人员疏散策略等情况，采用控烟法实现控制烟气的目标。例如，可以通过直接向容积较小中庭内加压送风的方式，阻止中庭周围着火区域的烟气进入中庭，或者向中庭周围连通空间内的非着火区域加压送风，阻止中庭或中庭周围连通区域内的火灾烟气经中庭进入与中庭连通的其他非着火区域。不过，常见的方法是采取在中庭洞口周围设置防火卷帘、防火隔墙等物理分隔的措施来阻止烟气蔓延。有关在中庭及其连通空间采用控烟法的几种方法分别简述如下。

1. 逆向气流法

逆向气流法是一种通过向中庭或与中庭连通的空间内送风，在中庭与相连通空间之间的连通口处产生朝向着火区域的气流，并使该气流的速度足以阻止烟气溢出的烟气控制方法。这一方法适用于中庭容积较小，或与中庭连通的空间容积较小的情况。

（1）根据 NFPA 92 的规定，当与中庭连通的小空间发生火灾时，应对着火空间进行排烟，利用楼层上与中庭连通的开口进行补风，排烟量应能在此连通口处产生流速不小于临界平均空气流速 v_e 的气流。临界平均空气流速 v_e 可以采用公式（3–1）计算。

（2）当在中庭内发生火灾时，需要防止中庭内的火灾烟气进入与中庭连通的空间。

如果楼层上与中庭连通的开口位于烟气层以内，临界平均空气流速 v_e 应采用公式（3–1）计算。

如果楼层上与中庭连通的开口位于烟气层的下方，可以对与中庭连通的空间加压送风来阻止烟气进入这些连通空间，送风量应能在此连通口处产生流速不小于临界平均空气流速 v_e 的气流。此时，临界平均空气流速 v_e 可以采用公式（3–2）计算。

$$v_e = 0.64\left(gH\frac{T_f - T_0}{T_f}\right)^{1/2} \qquad (3\text{–}1)$$

$$v_e = 0.057\left(\frac{Q}{z}\right)^{1/3} \qquad (3\text{–}2)$$

式中：v_e——临界平均空气流速（m/s）；

g——重力加速度（m/s^2），取 9.81；

H——楼层上与中庭连通的开口的高度（m）；

T_f——热烟气的温度（K）；

T_0——室内初始环境空气的温度（K）；

Q——火源的热释放速率（kW）；

z——火源所在平面至与中庭连通的开口下部的高差（m）。

公式（3–1）和公式（3–2）仅适用于 $v_e \leqslant 1.02m/s$ 的情形。当 $v_e>1.02m/s$ 时，不应采用逆向气流法进行烟气控制。

CIBSE Guide E 进一步指出，以上公式仅适用于房间与中庭直接连通的情况。当房间连通疏散走道①，并经疏散走道连通中庭时，应首选对该走道进行加压送风，以防止火灾产生的烟气蔓延至该走道。

当与中庭连通的开口面积较小时，可以通过在连通口处设置防火门等物理分隔方式，以实现空间的连通和防止火灾烟气蔓延的目的；当与中庭连通的开口面积较大时，如果火灾烟气的温度不是足够低，阻止烟气蔓延所需送入的空气量巨大，不适合采用逆向气流法控制烟气蔓延。因此，逆向气流法用于中庭的烟气控制时，实际使用场景有限，更适用于生产建筑中因自动化工艺等需求，在与相邻空间连通的开口处无法采取设置防火门、防火卷帘等物理分隔措施的部位实施烟气控制。

2. 负压法

负压法是一种通过排除建筑内着火空间的烟或空气，在

① 该走道不是中庭周围的回廊。

该空间形成一定的负压，并在着火空间与相邻需要保护的空间之间形成一定的压差，实现防止烟气进入相邻非着火空间的烟气控制方法。这种方法的典型应用场景为：中庭与其连通空间之间未全部采取防火分隔措施，在通风与空气调节系统设计中需充分利用中庭的烟囱效应，以改进室内自然通风的情况。利用建筑内的既有通风与空气调节系统对着火空间进行排烟，对其他楼层和空间加压送风，就可以在着火空间与相邻其他空间之间形成一定的负压。采用这种烟气控制方法，可以利用建筑内的既有通风与空气调节系统，但要求该系统的漏风量必须足够小，系统中的风机、风管等组件和部件具备耐受预计的火灾规模、火灾类型以及烟气稀释过程中的火焰或高温作用的性能，使风机等设备、组件和部件在设计的工作时间内能耐受进入系统的高温烟气的作用。

3. 缝隙排烟法

缝隙排烟法是一种在防烟分区内的顶棚上垂直于烟气流动方向设置长条状缝隙，替代常规排烟口进行排烟的烟气控制方法。该缝隙有时可用于代替挡烟垂壁。

采用缝隙排烟法时，通常还需要配合其他排烟方式。另外，当缝隙排烟法用于防止火灾的烟气从一个空间进入另一个空间时，排烟缝隙应尽量贴近相邻两个空间的连通开口处，并形成一个连续的排烟缝，水平分布于顶棚上。根据 BRE 368 *Design methodologies for smoke and heat exhaust ventilation*，为了能够完全截断烟气的流动，沿该排烟缝隙的排烟量不应小于水平方向流动的烟气量的 5/3 倍。

4. 稀释烟气法

稀释烟气法是一种利用引入外部空气或采用细水雾等方式对烟气浓度进行稀释，使空间内的能见度、环境温度等不超过设定的可接受标准的一种烟气控制方法。稀释烟气法适用于高大空间且火灾危险性较小的场所，也可以用于火灾后清除建筑内的烟气。

在英国标准 BS 9999：2017 *Fire Safety in the Design*，*Management and Use of Buildings*，*Code of Practice* 的相关规定中，采用换气次数为 6~10 次 /h 作为排烟系统的设计排烟量。对于中庭类高大空间，该换气次数可降低至 4 次 /h。根据 SFPE Third Edition，在稀释烟气的过程中，烟气浓度随换气时间的变化关系可以采用公式（3–3）表达：

$$\frac{c}{c_0}=\mathrm{e}^{-at} \tag{3–3}$$

式中：c——t 时刻的烟气浓度（kg/m^3）；

c_0——初始的烟气浓度（kg/m^3）；

a——换气次数（次 /h）；

t——换气时间（h）。

根据公式（3–3），在稀释烟气的过程中，烟气浓度的下降比值 $\frac{c}{c_0}$ 与换气时间 t、换气速率的关系如图 3–1 所示。在空间换气次数分别为每小时 4 次（4V/h）和 6 次（6V/h）的情况下，经过 1.0h 的换气均可以基本清除烟气。其中，每小时 6 次的换气速率可以显著增加空间内初期的能见度，并在前 20min 内快速降低烟气的浓度。

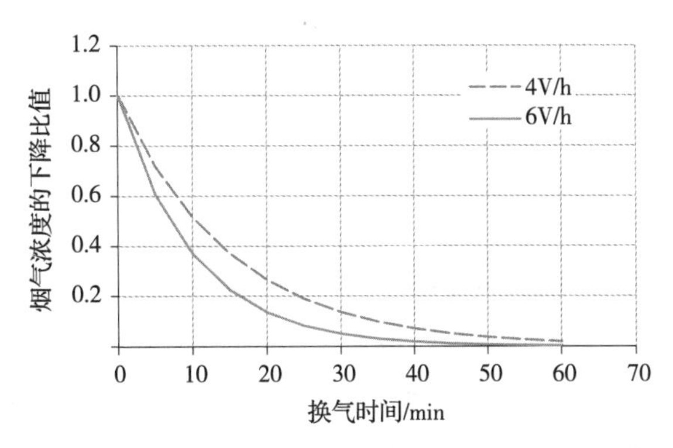

图 3–1　烟气浓度的下降比值与换气时间、换气速率的关系

稀释烟气法与排烟法的主要区别在于，稀释烟气法不需要维持烟气控制区域内的清晰高度（即烟气层下缘距离楼地面的高度）。因此，对向着火区域补风的补风口位置没有严格要求，可以设置在室内的高处，也可以设置在室内的低处。对流式通风是一种常见的稀释烟气方法，尤其是在灭火救援行动过程中。根据 CIBSE Guide E 的建议，采用对流式通风稀释烟气时，需要在建筑两侧的相对面外墙上设置自然通风口。对于开放式车库，自然通风口的总开口面积不应小于该场所室内地面面积的 2.5%，且相对外墙上每一侧的自然通风口不应小于该场所地面面积的 0.625%，其余开口的面积可以相对灵活地布置。

在上述 4 种烟气控制方法中，除稀释烟气法外，其他方法均很少用于中庭的烟气控制。因此，本章以下内容主要根据火灾烟气的产生及其运动的基本原理，按照排烟法和稀释烟气法建立计算模型，讨论烟气运动的规律和相关计算方法。

3.3 烟气计算的基本理论

3.3.1 火灾模型

通常，建筑火灾的全过程包含火灾的发生、发展、蔓延、持续燃烧和熄灭等阶段。在分析计算火灾的烟气时，通常需要对火灾的燃烧模型进行简化。对于常规的建筑火灾，常用的有两类模型：稳态火灾模型和含有上升段的 t^n 发展火灾模型，后者在常见的建筑火灾中以 t^2 发展火灾模型为主。稳态火灾模型可以表述为火灾的热释放速率为一个不随火灾持续时间变化的恒定值；t^2 发展火灾模型可以表述为火灾的热释放速率在火灾的阶段以与火灾持续时间的平方成正比的方式增长，直至达到最大的热释放速率，之后保持在该最大热释放速率不变。t^2 发展火灾模型可以用公式（3–4）描述：

$$Q=\alpha t^2 \tag{3–4}$$

式中：Q——火灾的热释放速率（kW）；

α——火灾的增长系数（kW/s^2）；

t——火灾持续时间（s）。

对于 t^2 发展火灾模型的火灾，国家标准《消防安全工程 第 4 部分：设定火灾场景和设定火灾的选择》GB/T 31593.4—2015 根据火灾的增长系数大小定义了慢速火、中速火、快速火和超快速火 4 种标准类型，见表 3–1 和图 3–2。对于这 4 种增长类型的火灾，火灾的热释放速率分别在可燃物燃烧开始后第 600s、300s、150s、75s 达到约 1.05MW。

表 3–1　不同类型 t_2 火灾的增长系数

火灾类型	典型的可燃物	火灾的增长系数 α/（kW/s^2）	热释放速率达到 1.05MW 的时间 t_g/s
慢速火	—	0.002 93	600
中速火	棉质、聚酯垫子	0.011 72	300
快速火	装满的邮件袋、木制货架托盘、泡沫塑料	0.046 89	150
超快速火	池火、快速燃烧的装饰家具、轻质窗帘	0.187 50	75

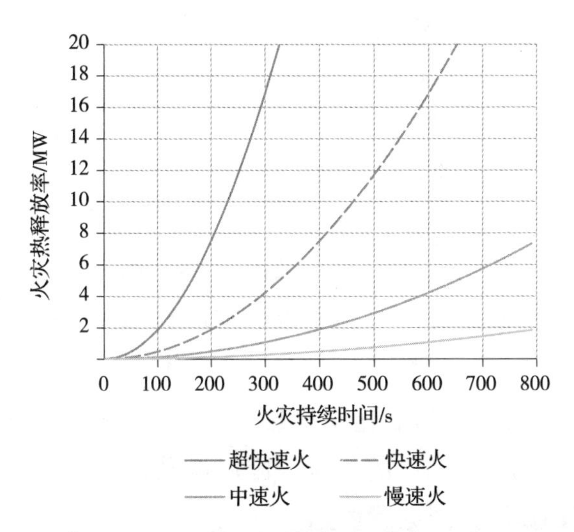

图 3–2　t^2 发展火灾模型的热释放速率随时间的增长规律

3.3.2　自由燃烧的烟羽流

1. 火焰高度

在高大空间（室内净高和建筑面积足够大，火灾过程表现为燃料控制型燃烧，不会发生轰燃或出现通风控制型的燃烧状态）中，大多数火灾的烟羽流表现为轴对称型烟羽流，即烟羽流在上升过程中不会与周围的墙壁或障碍物接触，并且不会受到气流干扰的烟羽流。

烟羽流的主要参数为火焰高度。根据 SFPE Fifth Edition，在常态环境条件下，平均火焰高度 L，即自火源面至其上方火焰间隙性出现概率为 0.5 处的高度，可以采用公式（3–5）计算：

$$L=-1.02D+AQ^{2/5} \tag{3-5}$$

式中：L——平均火焰高度（m）；

D——火源的直径（m）；

A——无量纲系数；

Q——火源的总热释放速率（kW）。

公式（3–5）适用于 H_c/r 为 2 900~3 200kJ/kg 的可燃物，对应公式（3–5）中的 A 为 0.240~0.226，典型取值为 0.235。该范围可以涵盖大部分建筑内的可燃物，在常见可燃物中不适用的可燃物包括乙炔和氢气。其中，H_c 为可燃物的燃烧热值，r 为可燃物的化学计量比，H_c/r 为进入燃烧反应的单位质量空气所释放的热量。固体可燃物的不完全燃烧对 H_c/r 的取值影响很小。

NFPA 92 和 CIBSE Guide E 没有明确给出火焰高度的计算方法。但是 NFPA 92 第 5.5.1 条规定的极限高度（limiting elevation，z_1）为火焰高度。对于轴对称型烟羽流，$z_1=0.166Q_c^{2/5}$。

2. 火羽流的温度和流速

SFPE Fifth Edition 总结了若干个研究结果，给出了固体

和液体可燃物的湍流火羽流在燃料控制型燃烧状态下的机理和相关参数，见图3-3。其中，图3-3（a）展示了在火源中心线上温度随高度变化的规律和烟气的浮升速度分布情况。

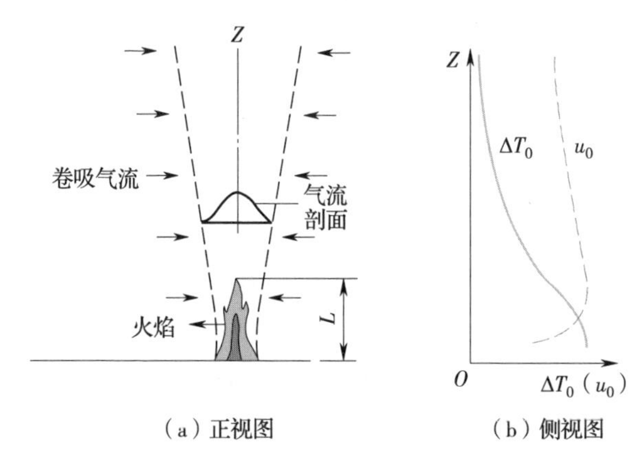

（a）正视图　　（b）侧视图

图3-3　燃料控制型燃烧时的火羽流

对于瘦高型的火焰，温度在火焰的下半部分范围内分布基本均匀，从间隙火焰区域向上开始逐渐降低。假设火源的总热释放速率为Q，其中的热释放速率对流分量为Q_c，辐射热释放速率分量为Q_R，则火源中心线上方的烟气温度变化平均值ΔT_0可以采用公式（3-6）计算，火源中心线上方的烟羽流平均流动速度（u_0）可以采用公式（3-7）计算：

$$\Delta T_0 = 9.1\left(\frac{T_\infty}{g c_\rho^2 \rho_\infty^2}\right)^{1/3} Q_c^{2/3}(z-z_0)^{-5/3} \qquad (3\text{-}6)$$

$$u_0 = 3.4\left(\frac{g}{c_\rho \rho_\infty T_\infty}\right)^{1/3} Q_c^{1/3}(z-z_0)^{-1/3} \qquad (3\text{-}7)$$

式中：ΔT_0——火源中心线上方烟气温度变化平均值（K）；

u_0——火源中心线上方的烟羽流平均流动速度（m/s）；

Q_c——热释放速率的对流分量（kW）；

T_∞——室内环境空气的温度（K）；

ρ_∞——室内环境空气的密度（kg/m^3）；

c_ρ——物质的比热［J/（kg·K）］；

g——重力加速度（m/s^2），取9.81；

z——计算面至火源基准面的高度（m）；

z_0——虚拟火源的高度（m）。

在常温常压的环境条件下，$9.1\left(\frac{T_\infty}{gc_\rho^2\rho_\infty^2}\right)^{1/3}=25.0m^{5/3}$［（kW）$^{-2/3}$］，$3.4\left(\frac{g}{c_\rho\rho_\infty T_\infty}\right)^{1/3}=1.03m^{4/3}$［s^{-1}（kW）$^{-1/3}$］。因此，公式（3-6）和公式（3-7）可以分别改写为：

$$\Delta T_0=25.0m^{5/3}Q_c^{2/3}(z-z_0)^{-5/3} \tag{3-8}$$

$$u_0=1.03m^{4/3}Q_c^{1/3}(z-z_0)^{-1/3} \tag{3-9}$$

3. 虚拟火源的位置

虚拟火源的位置对于确定可燃物在靠近火源处的燃烧特性具有重要影响。SFPE Fifth Edition提出了若干个用于计算虚拟火源位置的经验公式，由于缺乏精准的试验测量方法，当前尚缺乏有效的方法来对比和校核这些公式的精确性。但是，公式（3-10）因其结果居中、形式简单等原因而被广泛采纳。NFPA 92指出，虚拟火源的高度通常较小，可以忽略虚拟火源的影响。CIBSE Guide E 将虚拟火源的计算公式表达为公式（3–11）：

$$z_0=-1.02D+0.083Q^{2/5} \qquad (3\text{–}10)$$

$$z_0=-1.02D+1.38\left(\frac{Q}{1\,110D^{5/2}}\right)^{5/3}D \qquad (3\text{–}11)$$

式中：z_0——虚拟火源的高度（m）；

D——火源的直径（m）；

Q——火源的总热释放速率（kW）。

4. 烟羽流的质量流量

火羽流带着火灾的燃烧产物在上升过程中会不断卷吸周围空气进入羽流。在火源上方任意高度处的烟羽流质量流量几乎完全取决于从该高度下方卷吸的空气量，火源自身的贡献几乎可以忽略不计。SFPE Fifth Edition 给出了 H_c/r 约为 3 100kJ/kg 的条件下，在火焰平均高度以上的烟羽流质量流量计算公式：

$$m=\left[0.071Q_c^{1/3}(z-z_0)^{5/3}\right]\left[1+0.027Q_c^{2/3}(z-z_0)^{-5/3}\right] \qquad (3\text{–}12)$$

式中：m——烟羽流质量流量（kg/s）；

Q_c——热释放速率的对流分量（kW），一般取 $0.7Q$；

z——计算面至火源基准面的高度（m）；

z_0——虚拟火源的高度（m）。

公式（3–12）应用于计算面至火源基准面的高度 z 远大于火源高度的区域时，没有限制。当计算面至火源基准面的高度 z 接近火源高度时，可以用于 $L/D>0.9$ 的情况，但当 L/D 接近 0.14 时，公式（3–12）的适用性将受到很大影响。

CIBSE Guide E 对公式（3–12）进行了简化，并给出了火焰高度以上区域的烟羽流质量流量计算公式，见公式（3–13）。NFPA 92 提出，轴对称型烟羽流质量流量可以采用公式（3–14）计算，并指出该公式适用于烟气温度与周围空气温度的差值（T_p-T_0）不小于 2.2℃的情形。

$$m=0.071Q_c^{1/3}(z-z_0)^{5/3} \tag{3–13}$$

$$m=\begin{cases}0.071Q_c^{1/3}z^{5/3}+0.0018Q_c & (z>z_1)\\ 0.032Q_c^{3/5}z & (z\leqslant z_1)\end{cases} \tag{3–14}$$

式中：z_1——极限高度（m），$z_1=0.166Q_c^{2/5}$；

z——计算面至火源基准面的高度（m）；

z_0——虚拟火源的高度（m）；

m——在高度 z 处的烟羽流质量流量（kg/s）。

Q_c——热释放速率的对流分量（kW），一般取 $0.7Q$，或按照其他试验数据取值。

可以看出，公式（3–13）和公式（3–14）均是在公式（3–12）的基础上经简化而来。

5. 火源靠墙或贴近墙角的影响

NFPA 92 指出，当火源贴临房间的墙体或角落时，烟羽流的部分边界无法卷吸空气，烟羽流质量流量会变小。此时，如仍基于轴对称型烟羽流进行计算，其结果偏于保守。

3.3.3 顶棚射流

位于顶棚下方的火源产生的热烟气向上浮升，当烟气到达顶棚后会向水平方向扩散而形成顶棚射流。图 3–4 是火源远离围护墙体时的顶棚射流形态示意图。顶棚射流是在常规层高的室内空间中发生火灾时的典型火羽流形态。在中庭内，当其横截面的宽度远大于中庭的空间高度时，发生在中庭内中间部位的火灾及其烟羽流也会表现为此类形态。此时，在顶棚下方烟气的平均温升和烟气的平均流动速度可以分别采用公式（3–15）和公式（3–16）计算：

$$\Delta T_0=\begin{cases}16.9\dfrac{Q^{2/3}}{H^{5/3}} & \left(\dfrac{r}{H}\leqslant 0.18\right)\\ 5.38\dfrac{Q^{2/3}}{H^{5/3}}\cdot\dfrac{1}{(r/H)^{2/3}} & \left(\dfrac{r}{H}>0.18\right)\end{cases} \tag{3-15}$$

$$u_0=\begin{cases}0.947\left(\dfrac{Q}{H}\right)^{1/3} & \left(\dfrac{r}{H}\leqslant 0.15\right)\\ 0.197\left(\dfrac{Q}{H}\right)^{1/3}\cdot\dfrac{1}{(r/H)^{5/6}} & \left(\dfrac{r}{H}>0.15\right)\end{cases} \tag{3-16}$$

式中：ΔT_0——火源中心线上方烟气的平均温升（K）；

u_0——火源中心线上方的烟羽流平均流动速度（m/s）；

r——与火源中心轴线的水平距离（m）；

H——火源基准面与顶棚之间的垂直距离（m）；

Q——火源的总热释放速率（kW）。

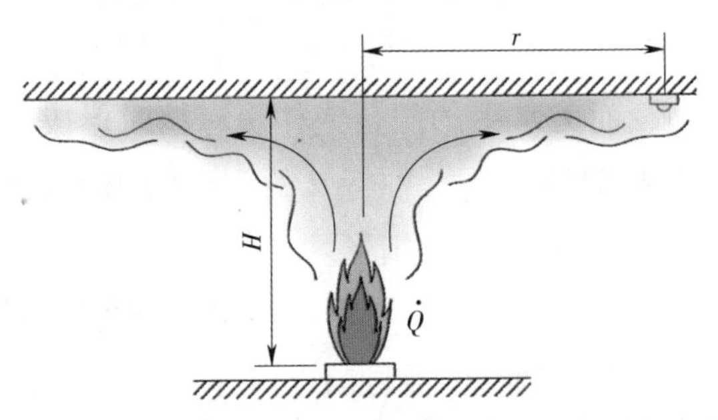

图 3–4 火源远离围护墙体时的顶棚射流形态示意图

当火灾的烟气形成顶棚射流后，烟气会不断与周围的冷空气混合，烟气温度逐渐下降，从而在顶棚下方形成一定厚度的烟气层。此时，烟羽流质量流量可以按照本章第 3.3.2 部分的公式计算。但是，公式（3–6）~公式（3–9）和公式（3–12）~公式（3–14）中计算面至火源基准面的高度（z）应按照烟气层距离火源面的高度计算。

3.3.4 阳台溢出型烟羽流

阳台溢出型烟羽流是烟气从着火区域的门、窗处溢出，并沿着火区域外的阳台或水平凸出物流动至阳台或水平凸出物的边沿后，向上溢出至相邻室内高度较高空间的烟羽流。即，位于楼板或顶棚下方的火源产生的烟气在上升至楼板或顶棚后产生顶棚射流，随后向下和向水平方向运动到达楼板或顶棚的边沿，并依靠浮升力继续经开口向相连通的较高空间运动。此时，从楼板或顶棚的边沿处向上运动的烟羽流即为阳台溢出型烟羽流，见图 3–5。尽管我国国家标准《建筑防烟排烟系统技术标准》GB 51251—2017 和美国 NFPA 92 强调窗口型烟羽流是来自相邻通风受限房间内的火灾产生的烟气，但实际上，当从着火区域开口处溢出的烟气直接进入相邻较高空间，而无水平的阳台或楼板遮挡时形成的烟羽流，即为窗口型烟羽流，是一种特殊的阳台溢出型烟羽流，即图 3–5 中的 b=0、W 不限的情形。

对于具有回廊的中庭，在下一楼层与中庭连通的区域内发生火灾所产生的烟气，经过门、窗等开口溢出后需经过回廊上方的楼板或顶棚再进入中庭。此时，回廊上方的楼板对

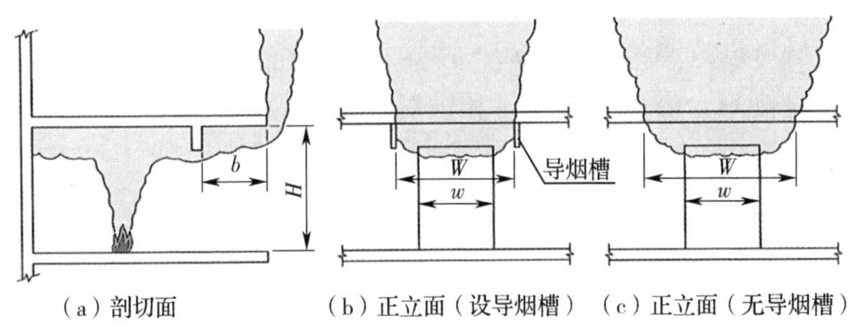

（a）剖切面　　（b）正立面（设导烟槽）　（c）正立面（无导烟槽）

图 3–5　阳台溢出型烟羽流的形态示意图

烟气运动的影响起到类似阳台的作用，而烟气到达中庭与回廊相交的边沿处后进入中庭所形成的烟羽流，属于典型的阳台溢出型烟羽流。

NFPA 92 提出，阳台溢出型烟羽流质量流量可以采用公式（3–17）计算。该公式适用于烟气温度与周围空气温度的差值（T_p-T_0）不小于 2.2℃，$z_b<15m$ 的情形。

$$m=0.36(QW^2)^{1/3}(z_b+0.25H_b) \tag{3–17}$$

式中：m——烟羽流质量流量（kg/s）；

z_b——阳台下缘至烟气层下缘的距离（m）；

W——阳台下方烟羽流的宽度（m）；

H_b——阳台下缘距离火源基准面的高度（m）；

Q——火源的总热释放速率（kW）。

在公式（3–17）中，当在阳台下方设置导烟槽时，W 可以取导烟槽的长度。用于导烟的挡烟设施凸出阳台顶板的深度不应小于阳台下方室内净高的 10%。当无任何挡烟设施时，W 可以按照公式（3–18）计算；当 $z_b \geq 15m$、烟羽流的宽度 $W<10m$ 时，烟气质量流量可以按照公式（3–19）计算；

当 $z_b \geqslant 15m$、烟羽流的宽度 $14m \geqslant W \geqslant 10m$ 时，烟气质量流量可以按照公式（3–20）计算。此外，当 $z_b \geqslant 15m$ 时，应同时按阳台溢出型烟羽流和轴对称型烟羽流计算，并取其中的较大值。

$$W=w+b \tag{3-18}$$

$$m_b=0.59Q_c^{1/3}W^{1/5}(z_b+0.17W^{7/15}H_b+10.35W^{7/15}-15) \tag{3-19}$$

$$m_b=0.2Q_c^{1/3}W^{2/3}(z_b+0.51H_b+15.75) \tag{3-20}$$

式中：W——阳台下方烟羽流的宽度（m）；

w——着火区域开向阳台的开口宽度（m）；

b——烟气溢流开口至阳台边沿的水平距离（m）；

m_b——在高度 z_b 处进入烟气层的烟气质量流量（kg/s）；

z_b——阳台下缘至烟气层下缘的距离（m）；

H_b——阳台下缘距离火源基准面的高度（m）；

Q_c——热释放速率（kW）的对流分量，一般取 $0.7Q$，或按照其他试验数据取值。

3.3.5 烟气填充的特点和烟气层高度

在无较强外部气流扰动的情况下，烟气上升至顶棚下方后会在沿顶棚水平运动的同时不断与周围的冷空气混合而逐渐下降，并形成一定厚度的烟气层，在烟气层下部为没有烟气的清晰层。但实际上，在烟气层与清晰层之间应该会存在一个过渡区。在简化分析中，一般忽略该过渡区，而直接划分为两个区域，即烟气层和清晰层。烟气是火灾威胁人身安全的主要因素。有关烟气运动和烟气控制的研究大多集中于烟气层高度和烟气的相关特性。

对于烟气层高度，NFPA 92 给出了在无排烟情况下稳态火灾模型火灾的烟气层高度计算公式，见公式（3–21）；该公式适用于烟气填充空间的横截面面积在高度上无变化，A/H^2 为 0.9~1.4 和 $z/H>0.2$ 的情形。当火灾为 t^2 发展火灾模型时，在无排烟情况下的烟气层高度可以采用公式（3–22）计算；该公式适用于烟气填充空间的横截面面积在高度上无变化，A/H^2 为 0.9~23 和 $z/H>0.2$ 的情形。

$$\frac{z}{H}=1.11-0.28\ln\left(\frac{tQ^{1/3}/H^{4/3}}{A/H^2}\right) \tag{3–21}$$

$$\frac{z}{H}=0.91\left[\frac{t}{t_g^{2/5}H^{4/5}\left(\frac{A}{H^2}\right)^{3/4}}\right]^{-1.45} \tag{3–22}$$

式中：z——火源基准面至烟气层下缘的距离（m）；

H——火源至顶棚的高度（m）；

t——火灾的持续时间（s）；

t_g——火灾发展至 1.05MW 的时间（s）；

Q——火源的热释放速率（kW）；

A——储烟仓的横截面面积（m^2）。

李元洲等人[①②]基于公式（3–14）的烟羽流质量流量，采用区域模型推算了大型中庭内稳态火灾模型和 t^2 发展火灾模型的烟气层高度计算公式，并在室内高度为 27m 的中庭内进

---

① 李元洲，霍然，周建军，等 . 中庭内火灾烟气流动规律的研究［J］. 消防科学与技术，1999，72（03）：4–8，3.

② 李元洲，霍然，袁理明，等 . 中庭火灾中烟气充填特点的研究［J］. 中国科学技术大学学报，1999，29（05）：590–594.

行了足尺实体火灾模拟和烟气填充试验，计算公式与试验结果吻合较好。

3.4 烟气沉降分析模型

在本章第3.3节中介绍了火灾燃烧过程中产生烟气后的烟羽流形成、烟羽流质量流量和烟羽流的主要特性参数，以及在正常状态下中庭上方烟气层高度的计算方法。有关烟气填充的过程适用于常规室内高度的空间，但因中庭的空间高度通常很高，烟气填充的过程可能会受到更多因素的影响，因而在分析中庭内的烟气运动过程中更加重要。烟气的填充速度、烟气层高度是中庭烟气控制设计需要重点考虑的参数。

本节将基于NFPA 92附录C提出的增量计算模型适当予以扩展，用以分析中庭内的烟气层沉降过程。扩展的内容包括纳入了阳台溢出型烟羽流的计算模型、引入了烟气浓度的计算，分析了烟气温度对机械排烟方式和自然排烟方式的排烟效果的影响。

3.4.1 轴对称型烟羽流作用下的烟气层高度计算

设置时间步长为Δt。对于任意一个时间步长，起始时间为t_i，结束时间为$t_i+\Delta t$。已知t_i时刻的参数：烟气层的总质量M_i（kg）、烟气层的总能量E_i（kJ）、烟羽流的绝对温度$T_{p,\ i}$（K）、烟气层的平均绝对温度$T_{s,\ i}$（K），计算$t_i+\Delta t$时刻的烟气层高度。有关计算步骤介绍如下：

步骤1： 计算$t_i+\Delta t$时刻的火灾热释放速率$Q_{i+\Delta t}$。当采

用稳态火灾模型时，Q 保持不变，当采用 t^2 发展火灾模型时，火灾发展至设定的最大火灾热释放率后保持稳定。

步骤2：根据公式（3–13）或公式（3–14）计算火灾产生的烟羽流质量流量 $m_{p,\ i+\Delta t}$。

步骤3：基于上一个时间步长的烟气层平均绝对温度 $T_{s,\ i}$，计算当前时间步长内的质量排烟速率 $m_{e,\ i+\Delta t}$。

$$m_{e,\ i+\Delta t}=V_e\rho(T_{s,\ i}) \tag{3-23}$$

式中：V_e——体积排烟速率（m^3/s）；

$\rho(T_{s,\ i})$——当温度为 $T_{s,\ i}$ 时，烟气的密度（kg/m^3）。

步骤4：计算烟气层的烟气质量 $M_{i+\Delta t}$。

$$M_{i+\Delta t}=M_i+(m_{p,\ i+\Delta t}-m_{e,\ i+\Delta t})\ \Delta t \tag{3-24}$$

式中：$M_{i+\Delta t}$——当前步长开始和结束时烟气层的总质量（kg）；

$m_{p,\ i+\Delta t}$——步骤2中计算所得当前时间步长的烟羽流质量流量（kg/s）；

$m_{e,\ i+\Delta t}$——当前时间步长排烟的质量流量（kg/s）；

Δt——时间步长（s）。

步骤5：计算烟气层的热能量 $E_{i+\Delta t}$。

$$E_{i+\Delta t}=E_i+C_p[m_{p,\ i+\Delta t}T_{p,\ i}-m_{e,\ i+\Delta t}T_{s,\ 1}-\eta m_{p,\ i+\Delta t}(T_{p,\ 1}-T_o)]\ \Delta t \tag{3-25}$$

式中：E_i、$E_{i+\Delta t}$——分别为当前步长开始和结束时烟气层的总能量（kJ）；

C_p——烟气层的比热［kJ/（kg·K）］；

η——烟气层传递给建筑围护结构的热量损失系数，简化计算时，η 可取0；

T_o——室内环境空气的绝对温度（K）。

步骤6：计算烟气层的平均绝对温度 $T_{s,\ i+\Delta t}$。

$$T_{s,i+\Delta t}=\frac{E_{i+\Delta t}}{C_p M_{i+\Delta t}} \tag{3-26}$$

式中：$T_{s,\ i+\Delta t}$——当前步长结束时烟气层的平均绝对温度（K）。

步骤7：计算烟气层的密度 $\rho_{s,\ i+\Delta t}$。

$$\rho_{s,i+\Delta t}=\frac{P_0}{RT_{s,i+\Delta t}} \tag{3-27}$$

式中：$\rho_{s,\ i+\Delta t}$——当前步长结束时烟气层的密度（kg/m^3）；

P_0——在正常状态下的大气压力（Pa）。

步骤8：根据烟气层的密度计算烟气的体积 $V_{i+\Delta t}$。

$$V_{i+\Delta t}=\frac{M_{i+\Delta t}}{\rho_{s,i+\Delta t}} \tag{3-28}$$

式中：$V_{i+\Delta t}$——当前步长结束时烟气的体积（m^3）。

步骤9：根据烟气的体积计算烟气层高度 $z_{i+\Delta t}$。

$$z_{i+\Delta t}=H_c-\frac{V_{i+\Delta t}}{A_r} \tag{3-29}$$

式中：$z_{i+\Delta t}$——当前步长结束时烟气层下缘距离楼地面的高度（m）；

H_c——顶棚的高度（m）；

A_r——空间上方储烟仓的横截面面积（m^2）。

重复以上计算过程，即可得到烟气层高度随时间变化的情况。

3.4.2 阳台溢出型烟羽流作用下的烟气层高度计算

当火源位于与中庭连通的区域内，或中庭周围的楼板下方时，烟气将以阳台溢出型烟羽流进入中庭，烟气层高度的计算过程与轴对称型烟羽流情况的计算过程基本相同，但要将第 3.4.1 部分所述步骤 2 中的烟羽流质量流量和烟气层的平均绝对温度调整为按照阳台溢出型烟羽流的计算模型计算。

3.4.3　烟气沉降滞后效应

对于轴对称型烟羽流和阳台溢出型烟羽流，在正常情况下，烟气将会浮升至顶棚并沿顶棚水平运动至遇到侧面障碍物，或温度明显降低后才会出现烟气层明显下降的现象。这种烟气向上运动的过程称为烟气沉降滞后效应（transport lag），SFPE Fifth Edition 给出了针对轴对称型烟羽流的烟气沉降滞后时间计算公式，见公式（3–30）和公式（3–31）。

（1）对于稳态火灾模型：

$$t_{cj}=\frac{r^{11/6}}{1.2Q^{1/3}H^{1/2}} \qquad (3\text{–}30)$$

（2）对于 t^2 发展火灾模型：

$$t_{cj}=\frac{0.72rt_g^{2/5}}{H^{1/5}} \qquad (3\text{–}31)$$

式中：t_{cj}——烟气沉降滞后时间（s）；

r——烟气沿中庭上部储烟仓水平扩散的距离（m）；

Q——火源的热释放速率（kW）；

H——中庭的室内空间高度（m）；

t_g——火灾发展至 1.05MW 的时间（s）。

对于阳台溢出型烟羽流，有关烟气沉降滞后时间计算的研究还不充分。从烟气数值模拟分析等研究结果可以看出，由于阳台溢出型烟羽流的浮升速度明显小于轴对称型烟羽流的浮升速度，烟气到达中庭顶部的时间可能长达数分钟，烟气沉降滞后效应更为明显，因此需要在计算中予以考虑。在简化算法中，采用烟气到达阳台边缘（即中庭开口处与周围连通区域的楼板边缘）的速度作为烟气上浮的速度，计算烟气到达中庭顶部的时间。计算过程如下：

从火灾发生起，在 t_i 时刻的火灾热释放速率为 Q_i。根据顶棚射流的计算公式，假设火源至阳台边沿的水平距离为 r，则烟气在阳台边沿处的流动速度 u_i 可以根据公式（3–16）计算。保守地假设烟气在上升过程中速度不变，则烟气浮升至中庭顶部的时间 $t_{R,\ i}$ 可以按照公式（3–32）计算，烟气沉降滞后时间可以按照公式（3–33）计算：

$$t_{R,i}=\frac{H_c-H_b}{u_i} \tag{3–32}$$

$$t_{cj,\ i}=t_i+t_{R,\ i} \tag{3–33}$$

式中：$t_{R,\ i}$——烟气浮升至中庭顶部的时间（s）；

$t_{cj,\ i}$——烟气沉降滞后时间（s）；

t_i——火灾发展的时间（s）；

H_c——中庭顶棚的高度（m）；

H_b——阳台下缘距离火源基准面的高度（m）。

在火灾的初期阶段，火灾呈 t^2 发展火灾模型规律，随着火灾规模增大，烟气上升的速度也增大。因此，最终烟气沉降滞后时间按照各个不同时间段内火灾产生的烟气中最早到达中庭顶部的烟气的时间计算，即取 $t_{cj,\ i}$ 的最小值。

3.4.4　烟气扩散过程中空间内的能见度计算

当中庭的空间容积特别大时，烟气难以形成明确的烟气层和空气层，而是弥散在空间中。此时，中庭及其周围连通区域内环境的人体生理可耐受条件取决于区域内的能见度。因此，在前述计算烟气层高度的基础上，需要再针对此类空间分析其可能影响人员安全疏散的能见度。

根据英国标准 PD 7974–6：2019 *Application of Fire Safety Engineering Principles to the Design of Buildings–Part 6：Human Factors：Life Safety Strategies–occupant Evacuation Behavior and Condition*（简称 PD 7974–6），对于一个特定空间，假设烟气在空间中均匀分布，则该空间内的能见度可以按照公式（3–34）计算。其中，D_m 与质量产烟率的关系可采用公式（3–35）表达。

$$D=\frac{D_m\dot{m}_f}{\dot{V}} \tag{3-34}$$

式中：D——减光度（m^{-1}）；

$\dot{m}_f$——可燃物的质量损失率（kg/s）；

$\dot{V}$——烟气运动的体积速度（m^3/s）；

D_m——可燃物的单位质量烟密度（m^2/kg）。

在公式（3–34）中，D_m 为与可燃物的产烟性能相关的参数，与可燃物的质量产烟率 ε_s（kg/kg）的关系可用公式（3–25）表达：

$$D_m/\varepsilon_s=(8.7\times 1\,000)/2.3 \tag{3-35}$$

式中：ε_s——可燃物的质量产烟率（kg/kg）。

公式（3–34）描述的是瞬时状态，公式（3–34）和公式（3–35）中的 ε_s 和 D_m 为由可燃物类型决定的常量。因此，为了确定空间内的能见度在烟气沉降过程中的变化过程，仍然需要采用增量算法。在任意时间步长 $t_{i+\Delta t}$，烟气层的平均能见度可以基于该时刻烟气层内的总烟粒子质量和烟气的总体积按照公式（3–36）~ 公式（3–39）计算：

$$m_{i+\Delta t}=m_i+\left(\dot{m}_{f,\ i+\Delta t}-\dot{m}_{v,\ i+\Delta t}\right)\Delta t \tag{3–36}$$

$$\dot{m}_{f,i+\Delta t}=\frac{1}{2}\times\frac{\left(Q_i+Q_i+\Delta t\right)}{H_c} \tag{3–37}$$

$$\dot{m}_{v,i+\Delta t}=\frac{m_{e,i+\Delta t}}{\rho_{s,i+\Delta t}}\cdot\frac{m_i}{V_i} \tag{3–38}$$

$$D_{i+\Delta t}=\frac{D_m m_{i+\Delta t}}{V_{i+\Delta t}} \tag{3–39}$$

式中：$\dot{m}_{f,\ i+\Delta t}$——当前时间步长内的燃料平均质量损失率（kg/s）；

$\dot{m}_{v,\ i+\Delta t}$——燃烧产物随排烟系统排至室外的速率（kg/s）；

H_c——燃料的燃烧热值（kJ/kg）；

m_i、$m_{i+\Delta t}$——当前时间步长开始和结束时室内烟气中燃烧产物的总质量（kg）；

$m_{e,\ i+\Delta t}$——当前时间步长排烟的质量流量（kg/s）；

Q_i、$Q_{i+\Delta t}$——i 时刻、$i+\Delta t$ 时刻的火源的热释放速率（kW）；

$\rho_{s,\ i+\Delta t}$——当前步长结束时烟气层的密度（kg/m^3）；

V_i、$V_{i+\Delta t}$——当前时间步长开始和结束时室内烟气的总体积（m^3）；

$D_{i+\Delta t}$——当前步长结束时烟气层的减光度（m^{-1}）。

火灾的产烟率与可燃物的类型、燃烧状态密切相关。当在燃烧过程中供氧不足时，产烟率会更高；当在燃烧过程中供氧充足、可燃物可以充分燃烧时，产烟率比供氧不足时低。中庭内的火灾可以按照供氧充分的燃料控制型火灾考虑其产烟率。英国标准 PD 7974-2 *Application of Fire Safety Engineering Principles to the Design of Buildings-Part 2: Spread of Smoke and Toxic Gases within and Beyond the Enclosure of Origin* 推荐了常见可燃物在供氧充分情况下的燃烧产物产出情况，见表 3-2。

表 3-2　常见可燃物在供氧充分情况下的燃烧产物

材料	燃烧热值 /（kJ/g）	CO/（Mg/g）	ε_s/（kg/kg）
低密度聚乙烯	41.5	15	0.045
聚苯乙烯	31.6	61	0.110
木材	16.9	6	0.005
胶合板	17.3	6	0.003
中密度纤维板	16.8	7	0.003
聚丙烯腈	30.4	39	0.025
尼龙 6	28.4	3	0.019
聚异三聚氰酸酯	24.6	48	0.033
聚甲基丙烯酸甲酯（亚克力）	24.7	5	0.023
改性聚氨酯	25.3	41	0.028
丙烯酸纤维羊毛	24.4	60	0.026
聚丙烯纤维棉	26.3	41	0.019
聚氯乙烯	10.7	177	0.032

烟气的浓度取决于可燃物在燃烧时产生的烟气质量和烟气扩散空间的容积。在不受外界干扰的情况下，烟气倾向于向空间的上部扩散；如果受到外界气流的干扰，烟气在中庭内可能呈现更为弥散的分布。此时，虽然有助于降低烟气的浓度，但较难控制干扰方式，并且会牺牲中庭下部的安全性。因此，本章有关能见度的分析，均不考虑对烟气进行干扰的情况。在计算中，假设烟粒子均位于烟气层范围内，烟气层的下方为清晰层，因此计算得到的能见度均为烟气层的能见度。

3.4.5 烟气的主要特性参数

1. 烟气层的温度

烟气层的温度分布并不均匀，具有最高温度和最低温度，烟气层下部的温度较高，上部温度较低。在计算中，一般采用烟气层的平均温度表达。烟气层的平均温度可以采用公式（3–40）计算：

$$T_s = T_0 + \frac{K_s Q_c}{mC_p} \tag{3-40}$$

式中：T_s——烟气层的平均温度（℃）；

T_0——室内环境空气的温度（℃）；

Q_c——火源热释放速率的对流分量（kW）；

K_s——烟气层中对流释放的热量比例，在计算排烟量时，取 1.0；在计算防止吸穿的最大排烟速度时，取 0.5；

m——在距离楼地面高度 z 处的烟羽流质量流量（kg/s）；

C_p——烟羽流的比热，可以取 1.0kJ/（kg · ℃）。

2. 烟气的体积流量

当在空间内设置排烟系统时，所需最小排烟体积流量可以采用公式（3–41）和公式（3–42）计算：

$$V=\frac{m}{\rho} \tag{3-41}$$

$$\rho=\frac{P_a}{R \cdot T_s} \tag{3-42}$$

式中：V——排烟体积流量（m^3/s）；

m——排烟质量流量（kg/s）；

ρ——烟气的密度（kg/m^3）；

P_a——环境大气压（Pa），在正常状态下，取 101 325Pa；

R——常数，取 287；

T_s——烟气层的平均绝对温度（K）。

3.4.6　烟气的层化

当室内空间的高度较高时，烟气的温度将随其上升高度逐渐降低。当烟气的温度与空间内的环境空气温度接近时，烟气将失去上升浮力而停止浮升。另外，当中庭的上部环境气温高于上浮烟气的温度时，也会导致烟气难以继续上升，而出现类似秋季早晨地面上一定高度的雾一样悬浮在上面，产生一个较稳定的烟气层，即第 2 章提及的烟气层化现象。

烟气出现层化现象会使烟气难以上升至位于中庭顶部的自然排烟口，导致设计的自然排烟系统失去排烟作用。因此，在进行排烟设计时，必须考虑烟气的层化情况。NFPA 92 提出了两种环境气温的分布模型。

（1）第一种模型的温度分布呈如图 3–6（b）所示的阶梯状分布。中庭下部各层的温度比较均匀，在中庭上部温度较高。在这种情况下，可以直接将烟气层的平均温度与中庭上部的环境气温进行对比，当烟气层的平均温度低于中庭上部的环境气温时，将会出现层化现象。

（2）第二种模型的温度分布呈如图 3–6（c）所示的线性分布。假定环境气温在竖向呈线性分布，则烟气层能够上升的高度可以按公式（3–43）计算：

$$z_{\mathrm{m}} = 5.54 Q_{\mathrm{c}}^{1/4} \left(\frac{\Delta T}{\mathrm{d}z}\right)^{-3/8} \tag{3-43}$$

式中：z_{m}——烟气能够上升的最大高度（m）；

Q_{c}——火源热释放速率的对流分量（kW）；

$\frac{\Delta T}{\mathrm{d}z}$——空间内的竖向温度梯度（K/m）。

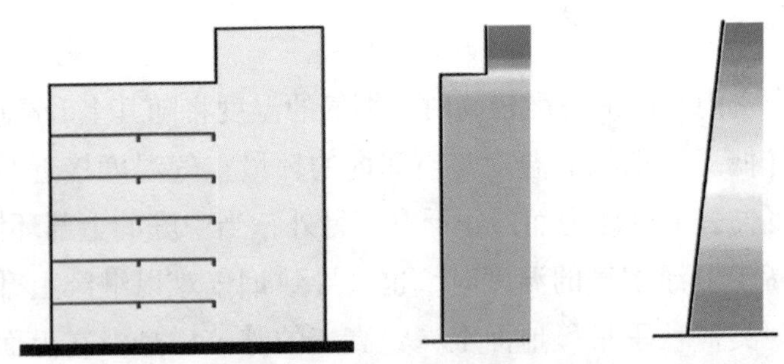

（a）带中庭建筑剖面　（b）阶梯式温度分布　（c）线性温度分布

图 3–6　中庭内沿高度方向的温度梯度分布示意图

SFPE Fifth Edition 提出，在温度分层的环境下，烟羽流可以到达的最大高度可以按照公式（3–44）计算：

$$z_m = 3.79\left[\frac{T_a}{g(\rho_a c_p)^2}\right] Q_c^{1/4}\left(\frac{\Delta T}{dz}\right)^{-3/8} \tag{3-44}$$

在正常状态下，$9.1\left(\frac{T_\infty}{gc_\rho^2\rho_\infty^2}\right)^{1/3}=25.0m^{5/3}[(kW)^{-2/3}]$，

$3.4\left(\frac{g}{c_\rho\rho_\infty T_\infty}\right)^{1/3}=1.03m^{4/3}[s^{-1}(kW)^{-1/3}]$。

式中，T_a 和 ρ_a 分别为空气在常态下的温度和密度。SFPE Fifth Edition 同时还指出，在线性温度梯度的情况下，高度 z_m 对应位置处的温度可近似按照火羽流中心轴上同等高度处温升的 7.4 倍确定。以室内空间高度为 20m 的中庭为例，假设火源位于中庭的楼地面上，当火源热释放速率为 11.4kW 时，中庭顶部位于火源正上方的温升为 0.7K，则中庭顶部对于下方的温度差，最多可以达到 0.7 × 7.4=5.2（K）。换言之，如果中庭沿高度方向的温度梯度为 0.5K/m，则烟羽流可以上升的最大高度为 10.4m。

3.5　模型验证

本节将通过流体动力学火灾分析软件 FDS 对不同环境下的烟气沉降过程进行模拟和实体试验，对比分析典型轴对称型烟羽流和阳台溢出型烟羽流的烟气沉降过程、烟气浓度等，以检验模型分析结果的精度。

3.5.1　数值模拟验证

为检验简化模型分析结果的精度，下面将对比分析简化模型和 FDS 模拟的结果。在所有模型中，均设定在可燃物开始燃烧后第 120s 时刻开启排烟口。如果采用自然排烟方式排烟，则保持排烟口有效；如果采用机械排烟方式排烟，则设定排烟口在烟气温度达到 280℃时关闭。

1. 轴对称型烟羽流

取两种典型几何形状的中庭，对比轴对称型烟羽流下简化模型和 FDS 模拟计算得到的烟气沉降过程。

（1）模型一：设定中庭的横截面尺寸为 20m × 40m，空间高度为 20m，火源的热释放速率为 2.5MW，火灾的发展模型为快速火（即 α=0.046 89kW/s^2），中庭的排烟量为 10m^3/s。为确保 FDS 模拟结果的准确性，分别考虑了计算网格尺寸和可燃物产烟率的影响。在 FDS 模型中，烟气的沉降难以保证完全均匀，在贴墙壁处的烟气沉降高度略低。在模型中，均匀布置了 6 个测点，图 3–7 显示了这 6 个测点的平均值。从图 3–7 中可以看出，FDS 模型的计算网格尺寸和可燃物的产烟率未对计算结果产生明显影响。因此，在后续 FDS 模型分析中，如无特别提及，计算网格尺寸均为 0.5m × 0.5m，可燃物的质量产烟率取 0.05kg/kg。

对比 FDS 模型和简化模型的计算结果，发现这两者模拟的烟气沉降过程非常接近。由于中庭的横截面面积较大，采用 FDS 模型分析时可以发现烟气在充填空间的过程中会产生水平运动，因此初始 150s 左右未发现烟气沉降现象，但之后烟气的沉降过程非常接近，且采用简化模型分析得到的结果整体偏于保守。

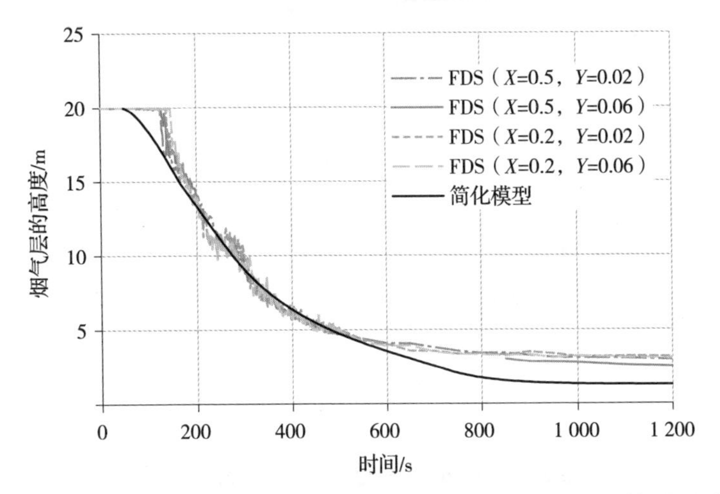

图 3–7　模型一中庭的烟气层高度采用不同方法分析的结果对比

注：图中，X 为网格尺寸，m；Y 为可燃物的质量产烟率，kg/kg

（2）模型二：设定中庭的横截面尺寸为 20m × 10m，空间高度为 40m，火源的热释放速率为 2.5MW，火灾的发展模型为快速火（即 α=0.046 89kW/s^2），中庭的排烟量为 22m^3/s。采用 FDS 模拟和简化算法的计算结果对比，见图 3–8。从图 3–8 中可以看出，两者的结果非常接近。计算网格尺寸为 0.5m × 0.5m，可燃物的质量产烟率取 0.05kg/kg。

2. 阳台溢出型烟羽流

设定中庭的横截面尺寸为 20m × 40m，中庭的楼地面一侧与一个建筑面积为 80m^2 的房间连通，房间与中庭的连通开口宽度为 10m，在该开口上方设置挑出宽度为 5m 的挑檐以模拟中庭周围的环廊。火源设置在房间内，火源的热释放速率为 2.5MW，火灾发展模型为快速火（即 α=0.046 89kW/s^2）。中庭的高度分别设定为 20m 和 40m。

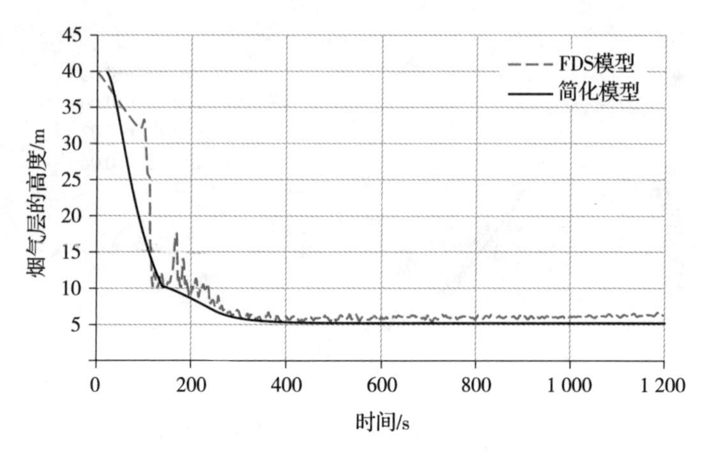

图 3–8　模型二中庭的烟气层高度采用不同方法分析的结果对比

对于室内空间高度分别为20m和40m的中庭，采用FDS模拟和简化模型分析的结果对比分别见图3–9（b）和图3–9（c）。在图3–9中，简化模型对应不同空间高度中庭的起始时间分别为130s和200s，是因为采用公式（3–33）计算了烟气沉降滞后时间。可以看出，经过调整后的烟气沉降速率和FDS模型的结果吻合较好。

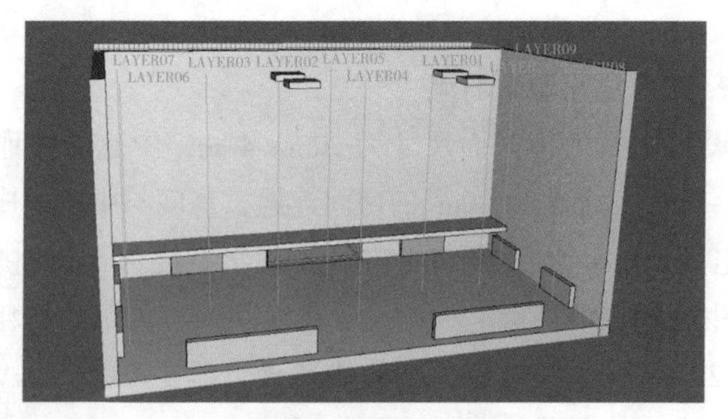

（a）阳台溢出型烟羽流模型

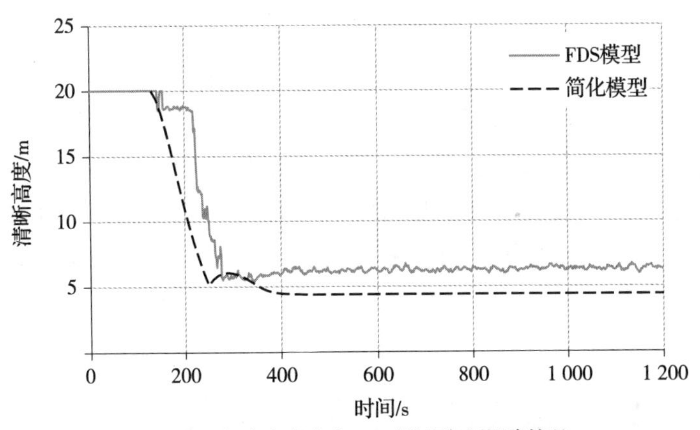

（b）中庭高度为20m时的烟气层沉降情况

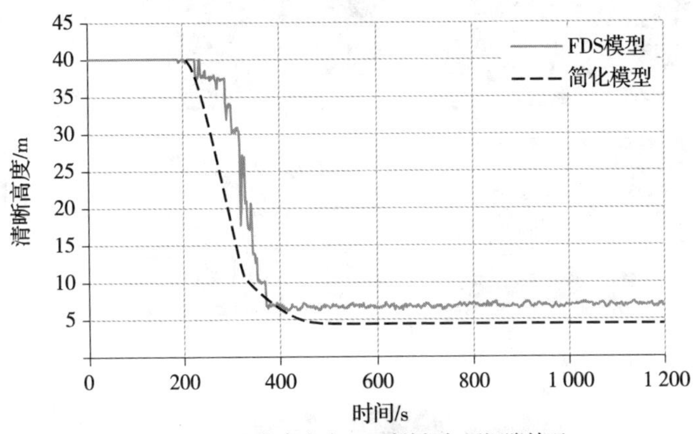

（c）中庭高度为40m时的烟气层沉降情况

图 3-9　阳台溢出型烟羽流下简化模型与 FDS 的烟气沉降情况对比

3. 能见度

采用第 3.5.1 部分第 2 项的阳台溢出型烟羽流算例，校核能见度计算结果。设定可燃物为带部分软包的家具，取 ε_s=0.05，ΔH_c=17.8MJ/kg。针对室内空间高度分别为 20m 和

40m 的中庭，将 FDS 模型中截取的能见度切片与简化模型计算的能见度结果对比情况，如图 3-10 和图 3-11 所示。从图中可以看出，在火灾的前期，FDS 模型能捕捉到烟气在空间的不均匀分布过程。此时，简化模型只能计算出中庭内的平均能见度。但是，当烟气沉降并逐渐稳定后，利用简化算法计算得到的能见度与采用 FDS 模型分析得到的能见度结果吻合较好。

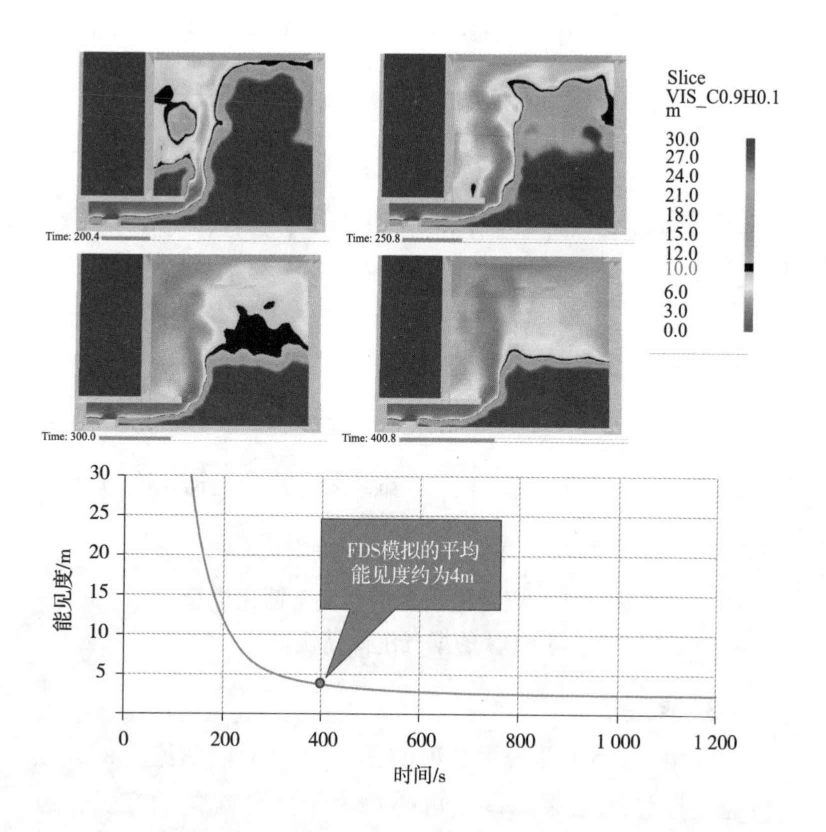

图 3-10　中庭室内空间高度为 20m 时的能见度计算结果对比

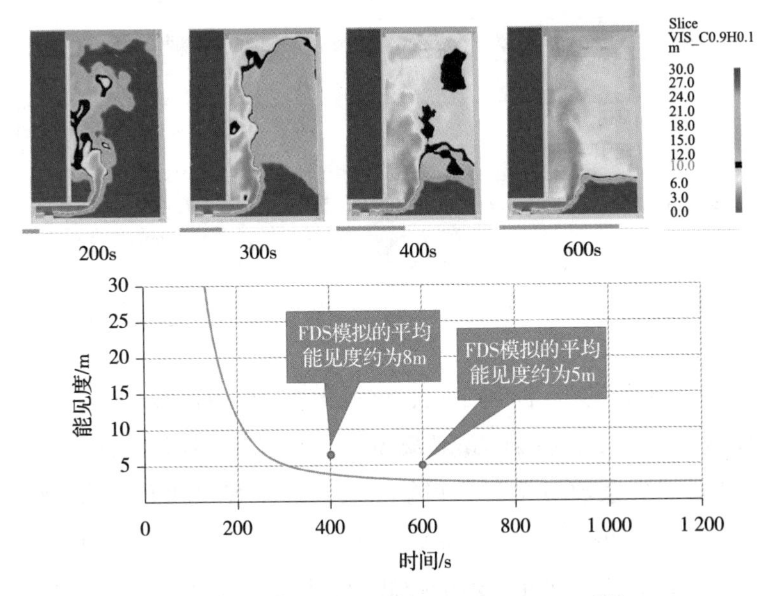

图 3-11　中庭室内空间高度为 40m 时的能见度计算结果对比

3.5.2　实体模拟试验验证

Ayala 等人①进行了一组中庭排烟实体模拟试验。在试验中，中庭的横截面尺寸为 19.5m × 19.5m，空间高度为 17.5m，火源位于中庭楼地面的中部，燃料为正庚烷。试验共开展了 4 组，试验的基本参数见表 3-3。

① Ayala P.，Cantizano，A.，Rein G.，et al. Fire Experiments and Simulations in a Full-Scale Atrium Under Transient and Asymmetric Venting Conditions［J］. Fire Technology，2016，52，51-78.

表 3–3　中庭排烟实体模拟试验的基本参数

试验编号	火灾热释放速率 /MW	室温 /℃	排烟量 /（m^3/s）
试验 1	1.7	20.1	18.3
试验 2	2.3	18.0	18.3
试验 3	3.9	21.1	0~180s：0 180~360s：18.3 360~836s：32.2
试验 4	5.3	16.7	0~270s：18.3 270~565s：27.5

美国消防工程师协会出版的 *SFPE Handbook of Fire Protection Engineering*（*Third Edition*）第 51 章指出，围护结构的热量损失系数 η 变异性可能很大。对于容积和面积均较小的空间，Walton① 建议的 η 取值为 0.6~0.9；对于容积和面积均较大的空间，烟气的温度较低时，热量损失可能较少。

在试验中，保持中庭的横截面尺寸和空间高度不变，火灾的热释放速率从 1.7MW 增加至 5.3MW 时，中庭内烟气的温升随火灾热释放速率的增长明显升高，围护结构的热量损失系数 η 的影响也相应增大。初步分析结果表明，烟气层传递给建筑围护结构的热量损失系数 η 与烟气层的温度相关，不宜取单一的恒定数值。在验证时，取 $\eta=3\left(\frac{T_p-T_0}{1\,175}\right)^2$。式中，$T_p$ 为烟气温度（℃），T_0 为环境初始温度（℃）。此时，采用简化模型计算得到的结果与上述 4 个试验的结果比

① W. D. Walton. ASET–B: A Room Fire Program for Personal Computers［J］. Fire Technology，1985，293–309.

较情况，见图 3-12。

从图 3-12 可以看出，尽管采用以上公式对热量损失系数 η 进行了拟合调整，但采用简化模型计算得到的烟气层平均温度与试验结果相差仍较大，而烟气层高度的变化过程、稳定的烟气层位置则与试验值接近。

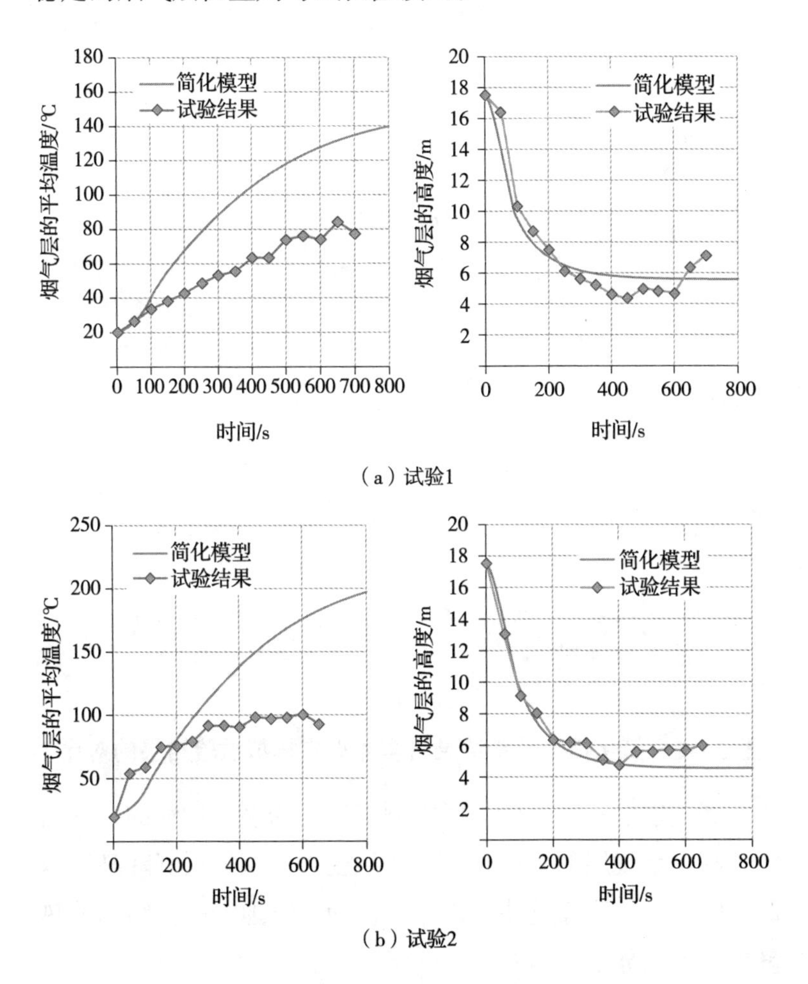

（a）试验1

（b）试验2

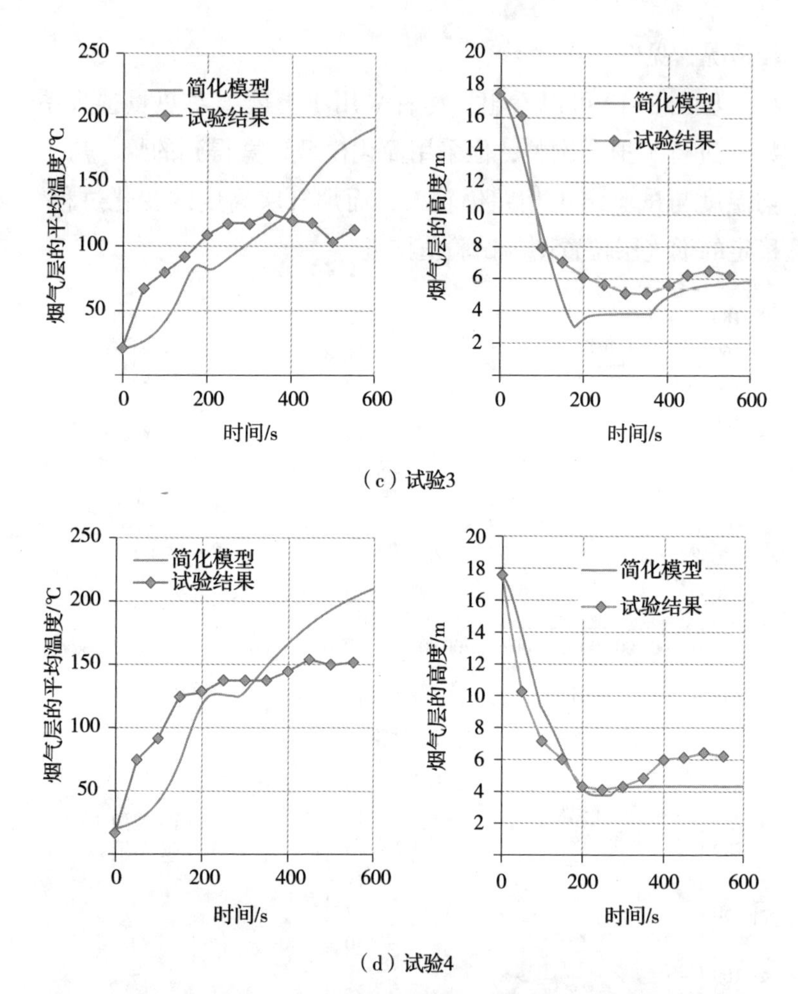

（c）试验3

（d）试验4

图 3–12　简化模型计算结果与实体火灾模拟试验结果的对比

烟气层的平均温度主要影响烟气的密度，烟气的平均温度越高，烟气层的密度越小，体积变大，烟气层沉降高度越低。因此，本章除有特别说明外，均保守地将围护结构的热量损失系数 η 取值为 0。

3.5.3　实例分析对比

下面选取了几个实际工程中的中庭，采用简化模型计算分析烟气层的沉降高度变化过程和能见度，并将结果与采用 FDS 模型进行烟气模拟分析的结果对比，验证简化模型应用于实际工程的可行性。

1. 案例一：北京市某交通枢纽

该交通枢纽为具有地铁、大巴、城市公交交通方式的换乘枢纽，换乘大厅地面的建筑面积为 13 937m^2，室内空间高度为 14.6m，东侧与地铁连接处局部较低，室内空间高度为 7.8m、进深约为 12m。换乘大厅为中庭空间，整体采用自然排烟方式排烟，在屋顶和侧墙高位均匀布置排烟窗，排烟窗的总开口面积为 169m^2。火源设定在地铁入口的安检口处附近，可燃物为行李，火源的热释放速率为 2.5MW。该中庭的典型剖面、FDS 模型和火源位置、火灾及其烟气的发展过程、能见度的纵切面，见图 3–13。

采用阳台溢出型烟羽流模型，阳台距离地面的高度为 7.8m，火源距离阳台边沿为 7m，阳台宽度为 15m。计算得到的烟气沉降过程和能见度，见图 3–14。从图 3–14 可以看出，利用简化算法估算的烟气沉降速率更快，但最终稳定的烟气沉降位置与 FDS 模拟分析结果基本接近，能见度略高于 FDS 的模拟分析结果。可见，当分析中庭内的人员在疏散过程中的安全性时，利用简化算法计算得到的结果与 FDS 的模拟分析结果比较，略偏于保守。

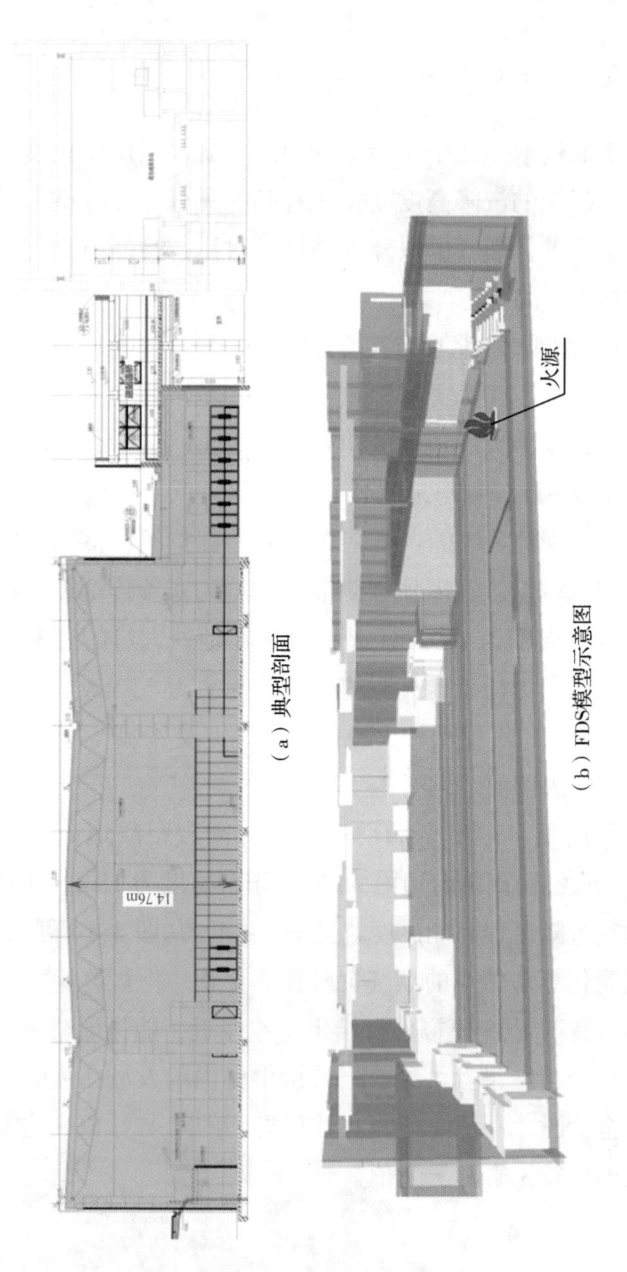

（a）典型剖面

（b）FDS模型示意图

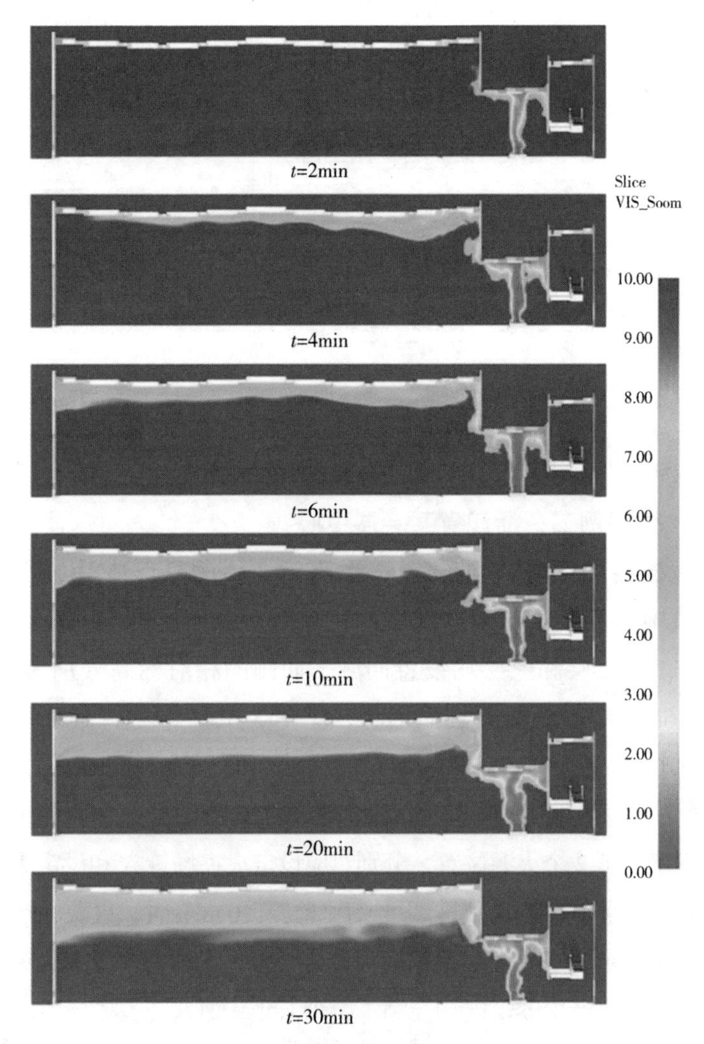

（c）剖面能见度变化

图 3-13　某交通枢纽中庭的 FDS 模拟分析

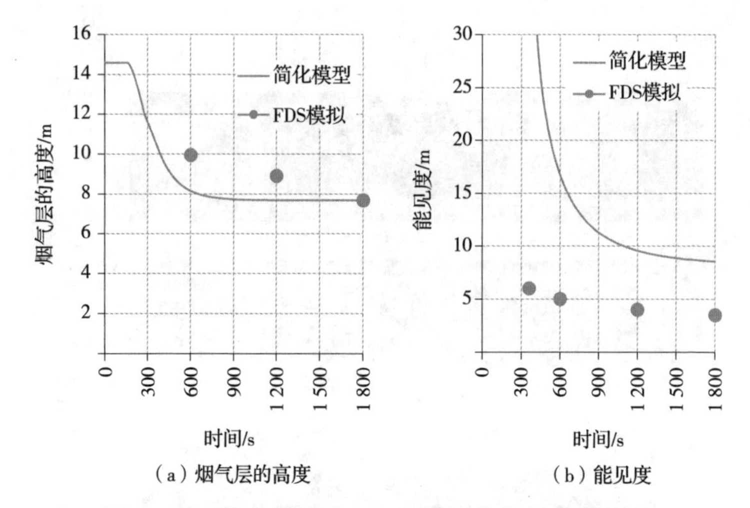

（a）烟气层的高度　　　　（b）能见度

图 3–14　简化模型与 FDS 模拟分析结果的对比

2. 案例二：浙江省某会展中心

该会展中心内部设置一个贯通 3 层的 C 形中庭，围绕建筑中央主会场和多功能厅的主功能区。中庭的空间高度为 24m，在二层和三层均设置回廊，回廊的相对标高分别为 8m 和 16m。中庭的横向剖面形状，见图 3–15，中庭排烟采用机械排烟方式，中庭上部储烟仓的横截面面积约为 4 000m^2。

（1）采用 FDS 模拟分析时，在首层 C 形中庭的一侧和中部分别确定了 2 个火源位置，分别对应设定火灾场景 A 和设定火灾场景 B。当中庭的机械排烟量采用 10.7 × 10^{4}m^3/h 时，火源的热释放速率设定为 3.0MW。根据模拟分析结果，在这两个设定火灾场景下，火灾产生的烟气均充满了整个 C 形中庭。取其中最不利的一个剖面（表 3–4），当火源位于中庭楼地面的中部时，烟气在早期的沉降速率较慢，但在 600s 以后，两个设定火灾场景下的结果基本相同，烟气均稳定停留于大约二层楼板处的位置。

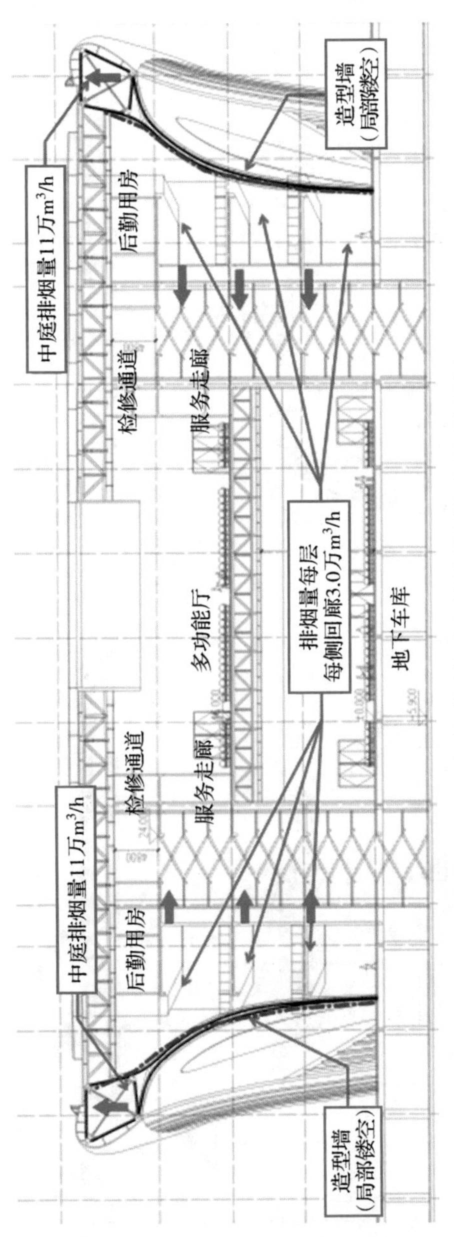

图 3–15　中庭的剖面和排烟设计方案示意图

表 3-4　FDS 模型及其模拟分析结果

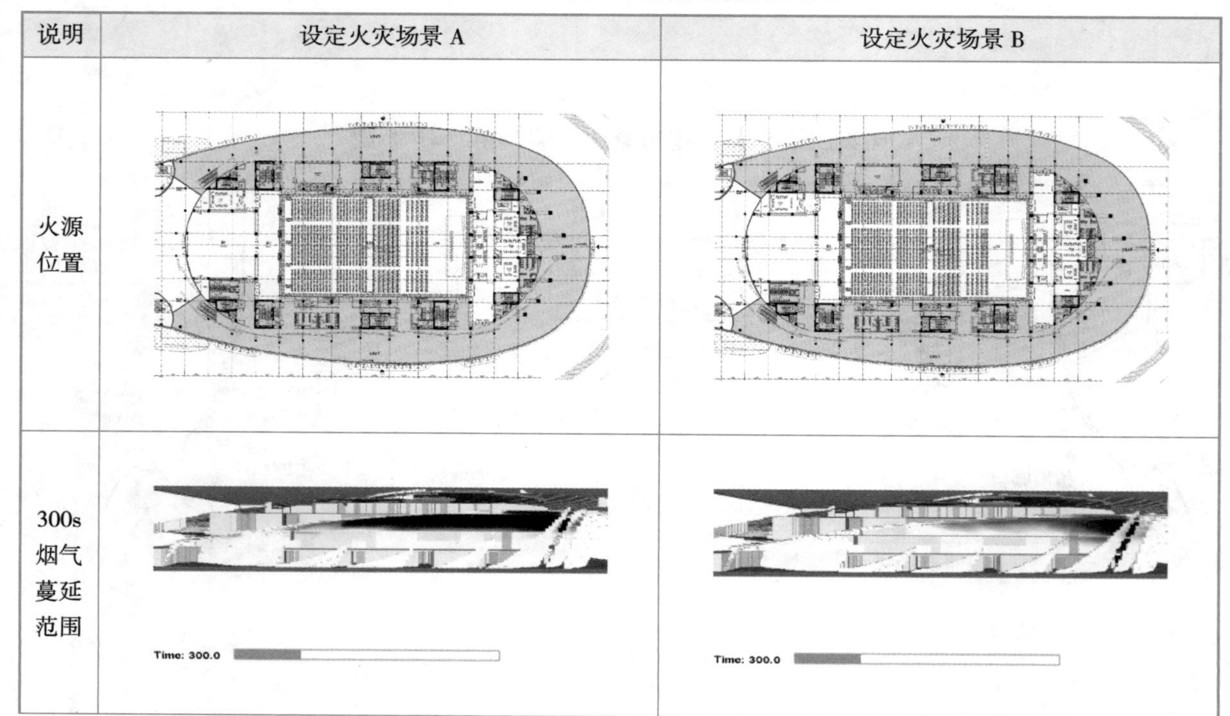

说明	设定火灾场景 A	设定火灾场景 B
火源位置		
300s 烟气蔓延范围		

续表

说明	设定火灾场景 A	设定火灾场景 B
600s 烟气蔓延范围	Time: 600.0	Time: 600.0
900s 烟气蔓延范围	Time: 900.0	Time: 900.0
1 200s 烟气蔓延范围	Time: 1198.8	Time: 1198.9

（2）采用简化模型分析时，假设烟气均匀沉降，不考虑火源位置的影响，计算得到的中庭内部烟气沉降过程，见图 3–16。图中同时显示了中庭周围第三层的清晰高度（为 18.0m）、第二层的清晰高度（为 11.2m）和首层的清晰高度（为 4.0m）。从烟气下降曲线与各层的清晰高度的相交处可以看出，第三层回廊、第二层回廊和首层的可用疏散时间分别为 342s、804s 和大于 1 200s。

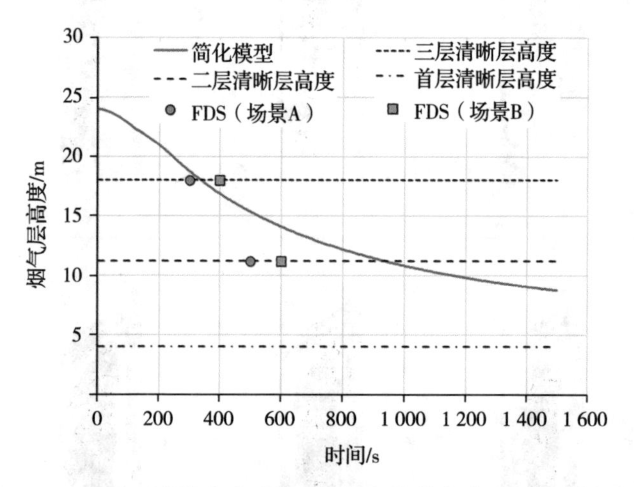

图 3–16　在不同设定火灾场景下中庭的烟气沉降过程对比

在设定火灾场景 A 中，中庭周围第三层和第二层的烟气层沉降至设计清晰高度的时间分别为 300s 和 500s 左右；在设定火灾场景 B 中，中庭周围第三层和第二层的烟气层沉降至设计清晰高度的时间分别为 400s 和 600s 左右。由此可以看出，第三层的烟气层沉降速率与采用简化模型分析的结果接近，但在第二层平台处的烟气层沉降速率则相差较大。对于这两个设定火灾场景，烟气层最终都稳定在第二层楼板处的位置，首层始终保持清晰，与采用简化模型计算的结果接近。

对该建筑的中庭烟气沉降过程的模拟分析结果在第二层平台处出现差异的原因，可能与中庭的几何形状有关。从 FDS 三维模型中可以看出，沿中庭回廊设置了一圈造型墙体，在回廊与中庭之间仅留下形状不同的开口可供烟气流动。由于自然排烟口设置在中庭上方，因此排烟效果不能及时体现在回廊区域；或者由于造型墙体的作用导致烟气被稀释和烟气的温度降低，影响排烟效果。

3. 案例三：深圳市某艺术中心

深圳市某艺术中心围绕剧场设置大型前厅，前厅包括首层、二层和三层，是一个空间高度为 22m 的中庭，二层、三层的相对标高分别为 6m 和 11m。前厅设置机械排烟系统，储烟仓的横截面面积约为 2 800m^2，设计排烟量为 $23.6 \times 10^4 m^3/h$。

采用 FDS 模拟分析时，在首层设置 3 个设定火灾场景，其关键性参数见图 3–17。

对于设定火灾场景 Ca00 和 Ca01，采用轴对称型烟羽流模型，计算结果如图 3–18 所示。从图 3–18 中可以看出，在这两个设定火灾场景下采用简化模型和 FDS 模拟分析得到的结果均接近。对于设定火灾场景 Cb，采用阳台溢出型烟羽流，阳台的高度为 5.5m，阳台的宽度为 10m，火源距离阳台边沿 5m。采用简化模型分析得到的结果与 FDS 模拟分析结果的对比，见图 3–19 和表 3–5。可以看出，除在 600s 时的烟气层沉降速率外，其他情况下的结果均吻合良好。

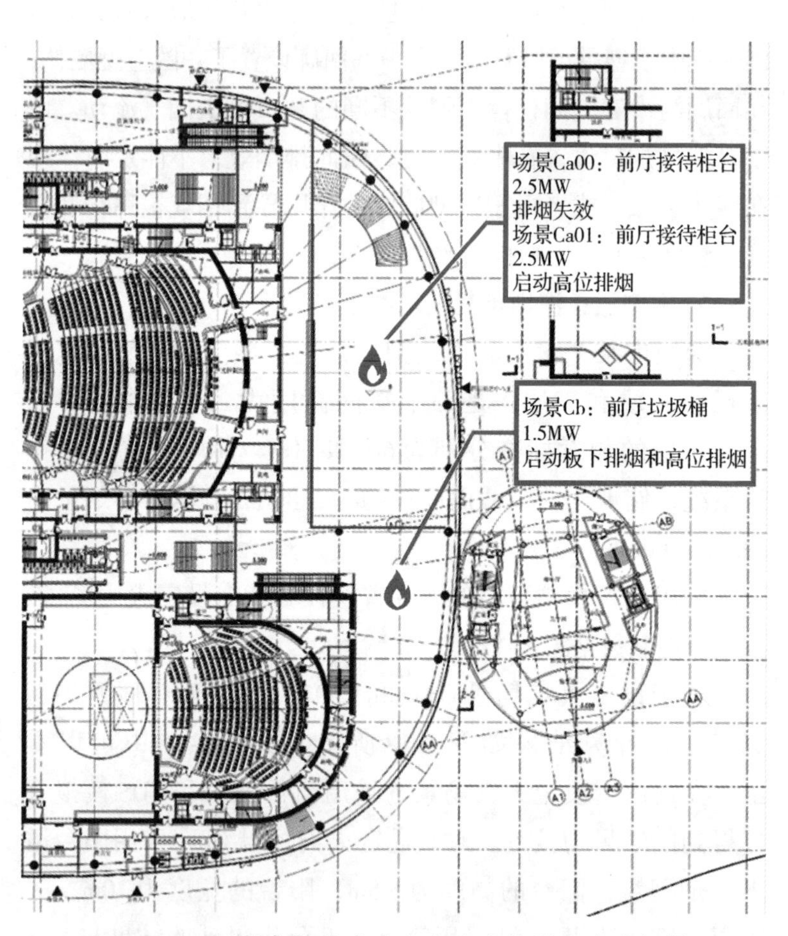

图 3–17　深圳市某艺术中心中庭内的设定火灾场景

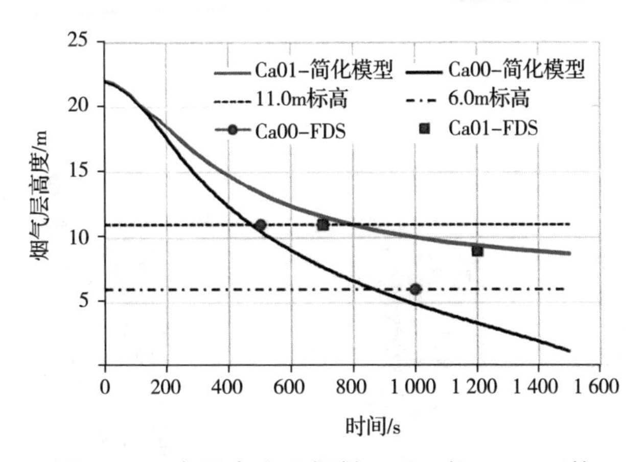

图 3-18 在设定火灾场景 Ca00 和 Ca01 下的烟气层沉降速率对比

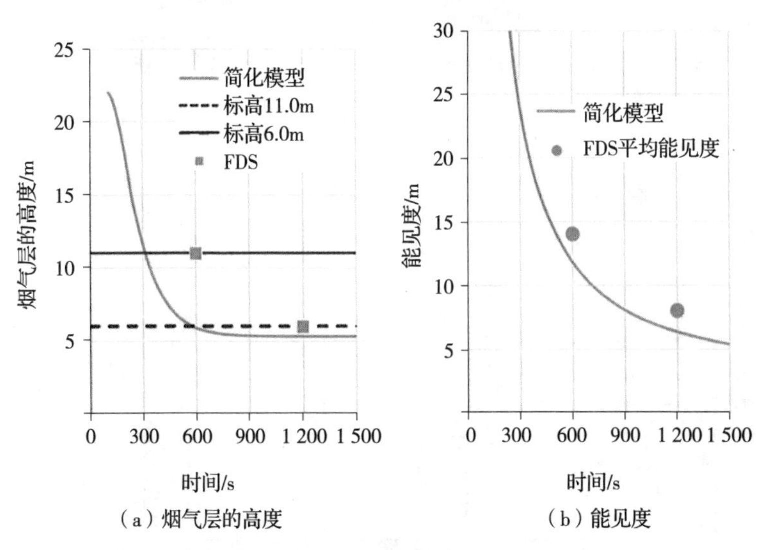

（a）烟气层的高度　　（b）能见度

图 3-19 在设定火灾场景 Cb 中采用简化模型与 FDS 模拟分析的结果对比

表 3-5 深圳市某艺术中心 FDS 模拟的中庭烟气沉降分析结果

设定火灾场景	主要现象	剖面能见度截图
Ca00	500s 时，烟气层距离地面高度约为 11.0m	Slice VIS_C0.9H0.1 m 32.0 28.8 25.6 22.4 19.2 16.0 12.8 9.60 6.40 3.20 0.00 Time: 500.4
	1 000s 时，烟气层距离地面高度约为 6.0m	Slice VIS_C0.9H0.1 m 32.0 28.8 25.6 22.4 19.2 16.0 12.8 9.60 6.40 3.20 0.00 Time: 1 000.8

续表

设定火灾场景	主要现象	剖面能见度截图
Ca01	700s 时，烟气层距离地面高度约为 11.0m	Slice VIS_C0.9H0.1 m 30.0 27.0 24.0 21.0 18.0 15.0 12.0 9.00 6.00 3.00 0.00 Time: 700.8
	1 200s 时，烟气层距离地面高度约为 9.0m，且保持稳定	Slice VIS_C0.9H0.1 m 30.0 27.0 24.0 21.0 18.0 15.0 12.0 9.00 6.00 3.00 0.00 Time: 1198.8

续表

设定火灾场景	主要现象	剖面能见度截图
Cb	600s 时，烟气层距离地面高度约为 11.0m，烟气平均能见度约为 14m	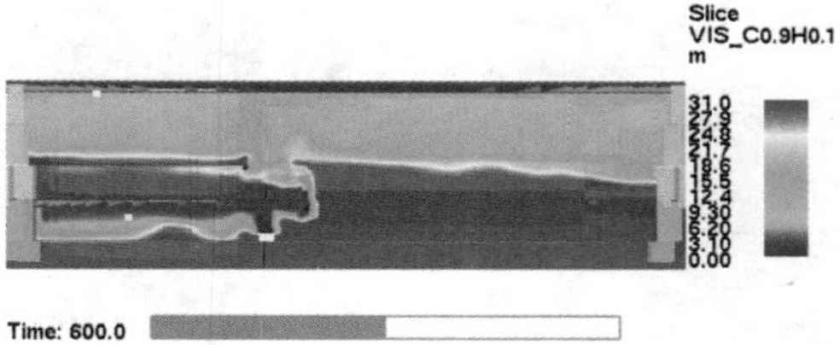 Slice VIS_C0.9H0.1 m 31.0 27.9 24.8 21.7 18.6 15.5 12.4 9.30 6.20 3.10 0.00 Time: 600.0
	1 200s 时，烟气层距离地面高度约为 6.0m，烟气平均能见度约为 8m	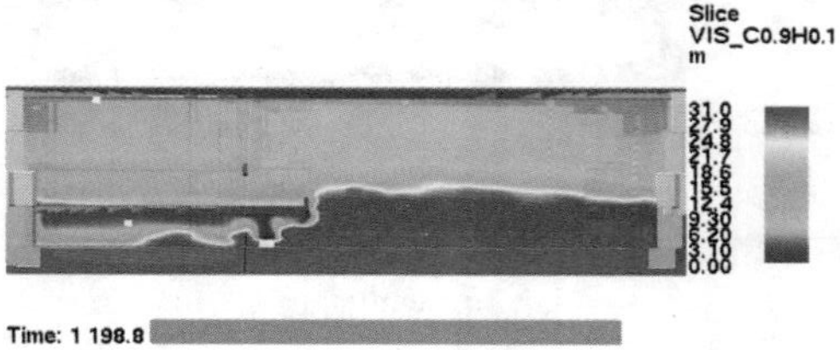 Slice VIS_C0.9H0.1 m 31.0 27.9 24.8 21.7 18.6 15.5 12.4 9.30 6.20 3.10 0.00 Time: 1 198.8

从以上分析中可以总结，本节中提出的计算中庭内瞬时烟气流动过程、烟气沉降过程和能见度的简化计算模型，基本能反映各类中庭内烟气层的沉降规律。位于中庭中部的烟气沉降过程，可能受到中庭内部不规则空间形状或其他障碍物的影响，但两种方法有关烟气稳定的最终位置的分析结果吻合度高。

需要注意的是，对于横截面形状不规则的中庭，容易出现局部烟气沉降严重的情况。当针对此类中庭空间分析人员疏散的安全性时，有必要采取 FDS 模拟工具进行细致分析。

3.6　常见参数的影响分析

本节将分析常见参数对中庭内烟气层的沉降高度和空间内能见度的影响。其中，在轴对称型烟羽流的情况下，烟气的凝聚性较好，烟气层的浓度较高，仅考虑烟气层沉降高度变化过程；在阳台溢出型烟羽流的情况下，则综合分析烟气层的沉降高度变化过程和空间内的能见度。下面将分别分析某一参数发生变化时的影响，其他默认的参数按下列数值取值。

（1）中庭的室内空间高度，H=30m。

（2）中庭储烟仓的横截面面积，A=2 000m^2。

（3）火灾的热释放速率，Q=2.5MW。

（4）在阳台溢出型烟羽流中，还引入以下默认参数：阳台的溢出宽度，W=12m；阳台下缘的高度，H_b=4m；可燃物的质量产烟率，ε_s=0.044kg/kg。

（5）烟气传递至周围建筑围护结构的热量损失与烟气的温度、围护结构自身的热传导性能等均有较大关系，具有较大变异性。在后续的分析中，统一保守地取围护结构自身的热传导性能参数为 0。

3.6.1 轴对称型烟羽流——火灾的热释放速率

设定一个中庭，储烟仓的横截面面积为 2 000m²、空间高度为 30m，分别计算火灾的热释放速率从 2MW 增大至 10MW（以 2MW 等差）时的烟气层沉降过程。图 3–20（a）显示了中庭不排烟时的烟气层自然沉降过程，图 3–20（b）显示了中庭排烟且排烟量

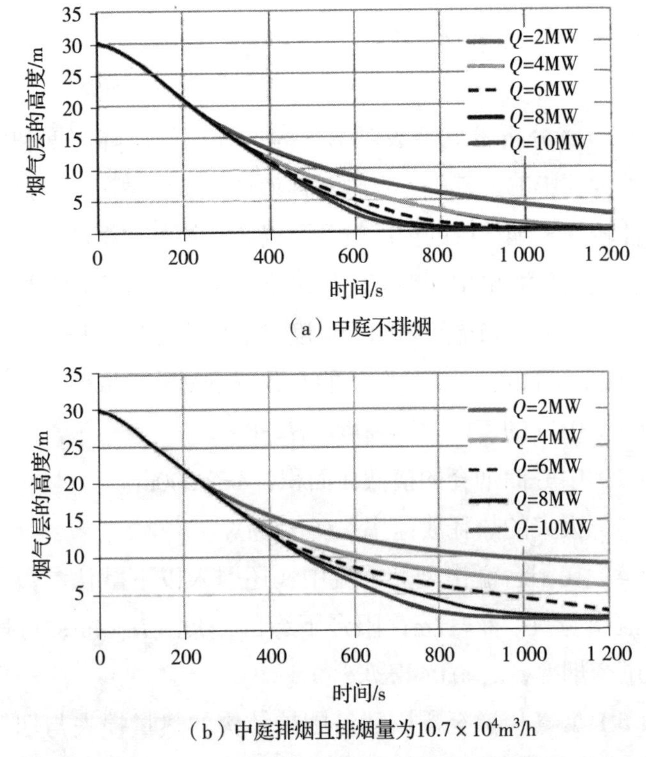

（a）中庭不排烟

（b）中庭排烟且排烟量为 $10.7 \times 10^4 m^3/h$

图 3–20 火灾的热释放速率对中庭内烟气层沉降速率的影响

为 $10.7\times10^4m^3/h$ 时的烟气层沉降过程。在这两种情况下，烟气层在 300s 以内的沉降速率几乎不随火灾的热释放速率的变化而变化；在 300s 以后，烟气层的沉降速率虽然随着火灾的热释放速率增大而逐渐增加，但不是线性增加，而是随着火灾的热释放速率增大，影响越来越小。增加排烟条件后会减缓所有情况下烟气的沉降速率，但当火灾的热释放速率越小时，烟气层的沉降速率改善效果越明显。以烟气层沉降至距离地面 5m 高度处的时间为例，在中庭不排烟时，随着火灾的热释放速率增加，烟气层沉降至 5m 的时间分别为 894s、684s、600s、558s、534s；在中庭排烟时，烟气层沉降至同样高度处的时间将分别延长至大于 1 800s、1 692s、918s、744s、666s。

3.6.2　轴对称型烟羽流——中庭的空间高度

设定火灾的热释放速率为 2.5MW，中庭储烟仓的横截面面积为 2 000m²，分析中庭空间的高度从 10m 增大至 40m（以 10m 等差）时的烟气层沉降规律。图 3–21（a）、图 3–21（b）分别显示了在中庭不排烟、中庭排烟且排烟量为 $10.7\times10^4m^3/h$ 时，中庭内的烟气层沉降高度随时间的变化情况。为了对比不同空间高度中庭内的烟气层沉降高度变化过程，图 3–21 中的纵轴采用烟气层的高度与中庭空间高度的比值。从图 3–21 可以看出，在中庭不排烟时，对于不同空间高度的中庭，烟气层相对中庭空间高度的沉降速率接近，烟气层在接近 800s 时将沉降至中庭楼地面以上中庭空间高度的 20% 处；当对中庭采用相同排烟量进行排烟时，排烟条件对于改善空间高度较低的中庭的烟气层沉降情况，效果更明显。这说明控制中庭内烟气层的沉降速率所需排烟量与中庭的容积关系密切。图 3-21（c）显示了对不同空间高度的中庭均采用换气次数 4 次 /h 的排烟量进行排烟时的烟气层沉降高度变化情况。从图 3-21（c）可以看出，当采用相同换气次数的排烟量时，对于不同空间高度的中庭，烟气层的沉降速率具有较好的一致性，但空间高度较高的中庭仍表现为烟气层的沉降速率略快。

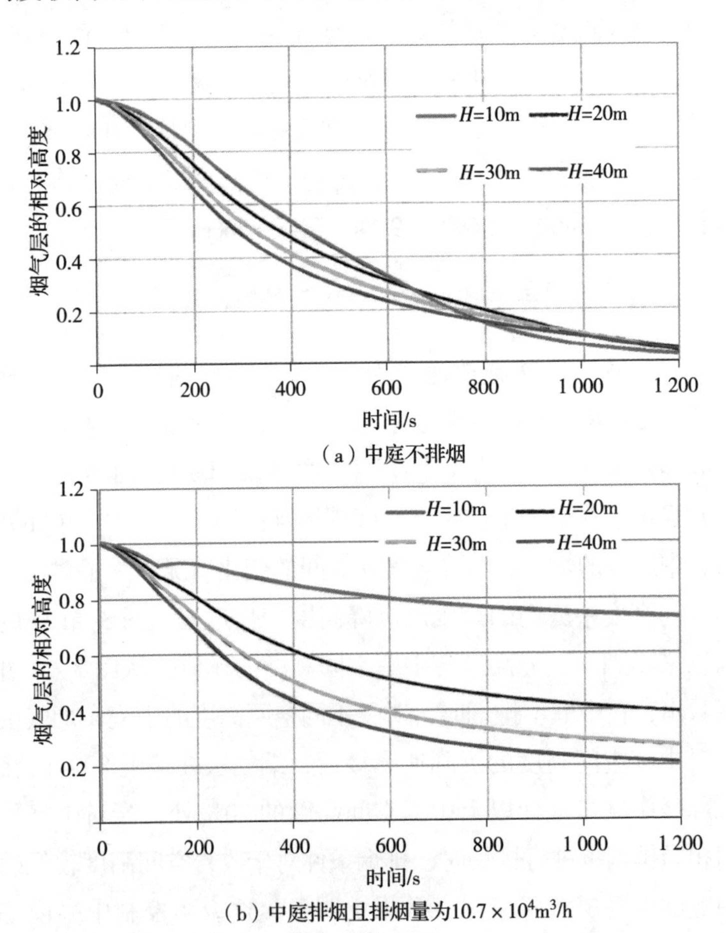

（a）中庭不排烟

（b）中庭排烟且排烟量为$10.7 \times 10^4 m^3/h$

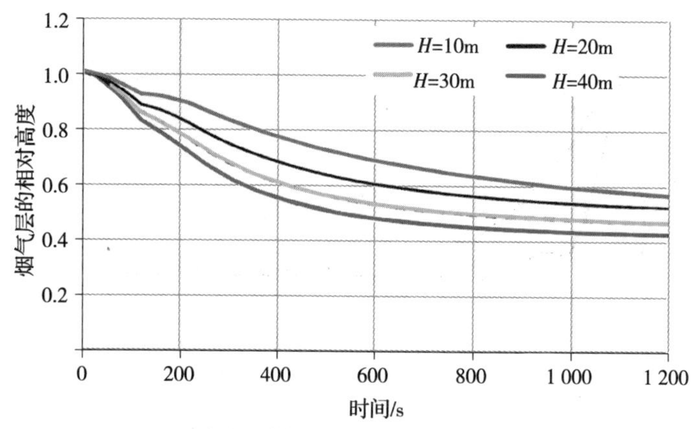

（c）中庭排烟且排烟量为换气次数4次/h

图 3–21　中庭内空间的高度对烟气层沉降速率的影响

3.6.3　轴对称型烟羽流——储烟仓的横截面面积

设定火灾的热释放速率为2.5MW，中庭的空间高度为30m，分析中庭储烟仓的横截面面积从 200m² 增加至 3 200m²(以前值的倍数）时所需排烟量的变化。图 3–22（a）~ 图 3–22（c）

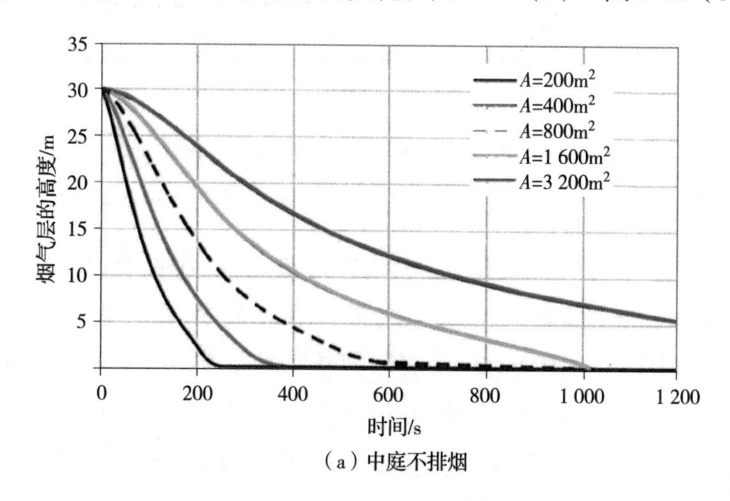

（a）中庭不排烟

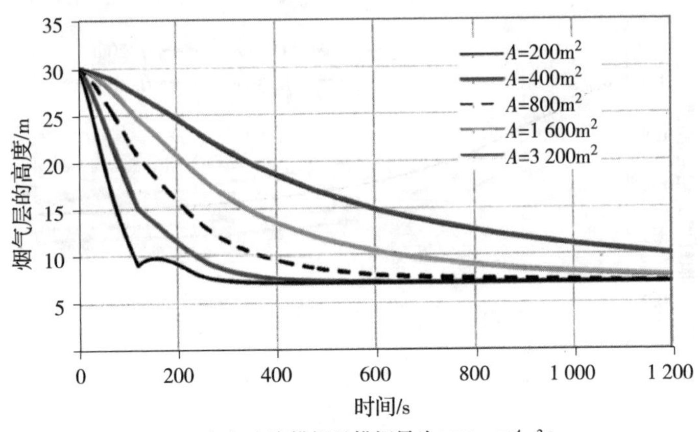

（b）中庭排烟且排烟量为$10.7\times10^4m^3/h$

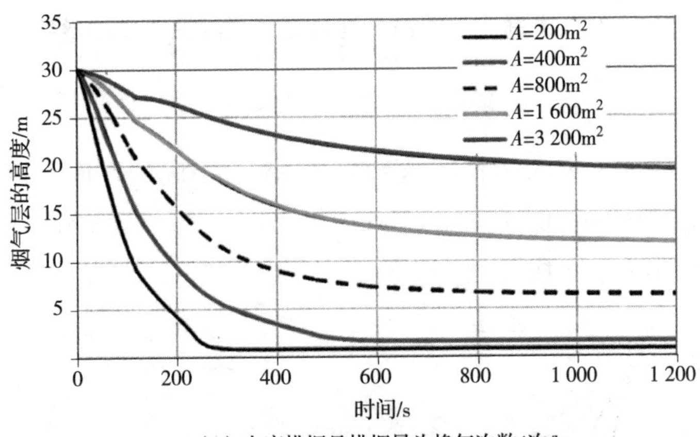

（c）中庭排烟且排烟量为换气次数4次/h

图 3–22　中庭储烟仓的截面面积对烟气层沉降速率的影响

分别显示了中庭不排烟、中庭排烟且排烟量分别为$10.7\times10^4m^3/h$和换气次数 4 次 /h 时的烟气层沉降过程。

当中庭不排烟时，随着储烟仓横截面面积的增加，烟气层的沉降速率减慢，沉降速率与储烟仓的横截面面积成反比关系。当中庭排烟且排烟量为$10.7\times10^4m^3/h$时，烟气层的高度最终将稳定于距离地面 7m 左右的位置；当排烟量为换气次数 4 次 /h 时，结果则表现了较大的差异性，即在烟气层沉降快的小中庭内，烟气层的沉降情况未得到明显改善，在烟气层沉降慢的大中庭内，烟气层将可以稳定停留在较高的位置。

3.6.4　阳台溢出型烟羽流——火灾的热释放速率

设定一个中庭，储烟仓的横截面面积为 2 000m^2、空间高度为 30m，分析火灾的热释放速率从 2MW 增大至 10MW（以 2MW 等差）时的烟气层沉降规律。假设阳台的下缘距离地面高度为 4m，火源的宽度为 6m，火源距离阳台边沿 3m，即 W=9m。

图 3–23（a）显示了中庭不排烟时的烟气层自然沉降过程，图 3–23（b）显示了中庭排烟且排烟量为 $10.7\times10^4m^3/h$ 时的烟气层沉降过程。可以看出，烟气层的沉降速率均不随火灾的热释放速率改变而改变，中庭排烟对烟气层沉降的影响可以忽略。以烟气层下降至距离地面 5m 高度处的时间为例，在上述条件下，当中庭不排烟时，烟气层下降至 5m 高度处的时间为 469s；当中庭排烟时，烟气层下降至 5m 高度处的时间为 500s，两者时间十分接近。

图 3–24 显示了中庭不排烟时，火灾的热释放速率对能见度的影响。在计算时，可燃物的质量产烟率 ε_s 取 0.043 5kg/kg。从图 3–24 可以看出，当火灾的热释放速率较小时，火灾的热释放速率对能见度有较大影响，但当火灾的热释放速率从 4MW 增大 10MW 时，对能见度的影响不大。

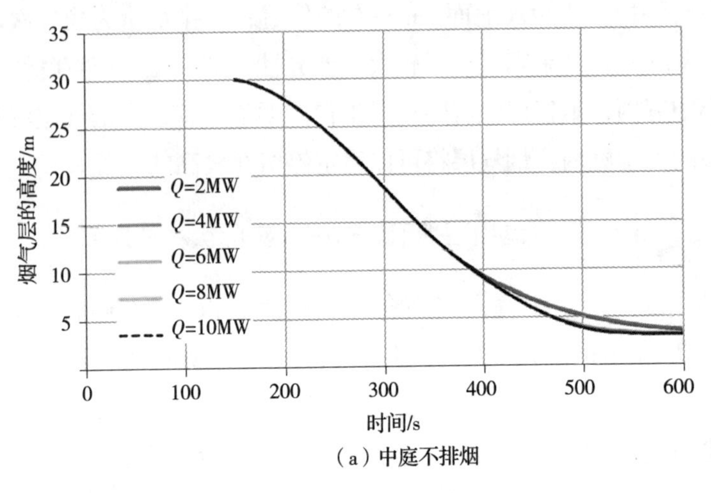

（a）中庭不排烟

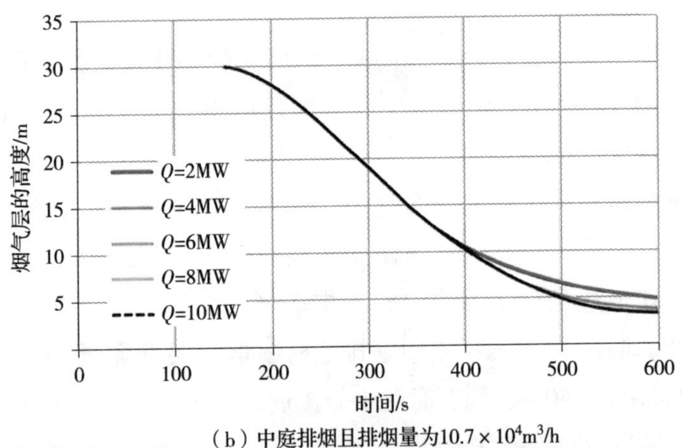

（b）中庭排烟且排烟量为$10.7\times10^4m^3/h$

图 3–23　火灾的热释放速率对中庭内烟气层高度的影响

综合考虑烟气层的高度和能见度，设定人员可以安全疏散的临界状态为：①当烟气层距离中庭楼地面的高度不小于 5m 时，视为安全；②当烟气层距离中庭地面的高度小于 5m，但能见度不小于 10m 时，视为安全。其他情况下则视为

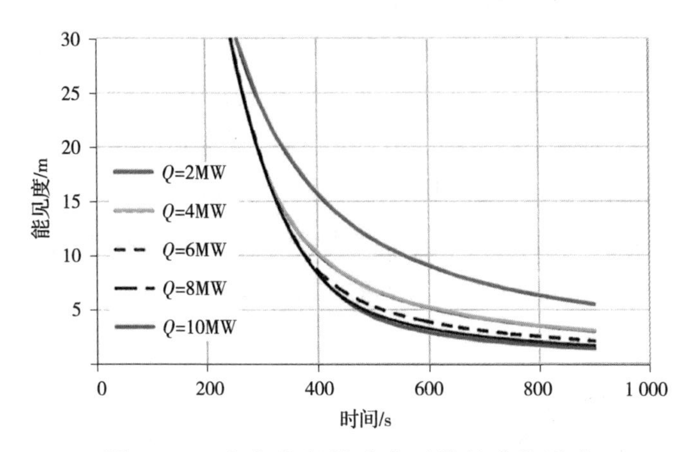

图 3–24　火灾热释放速率对能见度的影响

不安全。对比图 3–23 和图 3–24 可以发现，当火灾的热释放速率为 2MW 时，烟气层的高度将在 500s 时下降至 5m，但在 550s 时的能见度才会降低至 10m。因此，人员的可用疏散时间将取决于区域内的能见度，应该取 550s。当火灾的热释放速率为不小于 4MW 时，烟气层的高度将在 470s 时下降至 5m，此时平均能见度已经下降至 6~8m。因此，人员的可用疏散时间在火灾的热释放速率大于 4MW 后将取决于烟气层高度。

3.6.5　阳台溢出型烟羽流——中庭的空间高度

设定火灾的热释放速率为 2.5MW，中庭楼地面的建筑面积为 2 000m^2，分析中庭的空间高度从 10m 增大至 40m（以 10m 等差）时的烟气层沉降规律。假设阳台的下缘距离地面高度为 4m，火源的宽度为 6m，火源距离阳台边沿 3m，即 W=9m。

图 3–25（a）~ 图 3–25（c）分别显示了中庭不排烟、中庭排烟且排烟量分别为 10.7×10^{4}m^3/h 和换气次数 4 次 /h 时，中庭内

的烟气层沉降情况。图中的横轴去掉了烟气层沉降滞后时间，以便可以更直观地对比烟气层的沉降速率；图中的纵轴为烟气层相对中庭空间高度的相对高度。当烟气层下降至阳台的下缘高度处时，结束计算。从图中可以看出，对于不同空间高度的中庭，烟气层的沉降速率差别不大；除空间高度为 10m 的中庭外，排烟对其他更大空间高度中庭内的烟气层沉降速率影响不大。

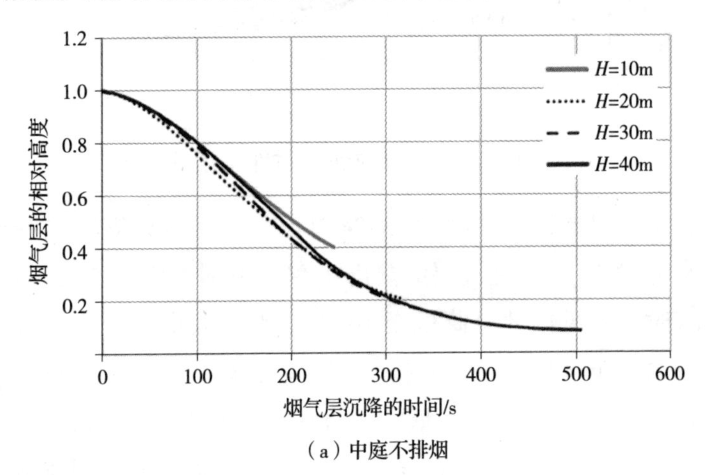

（a）中庭不排烟

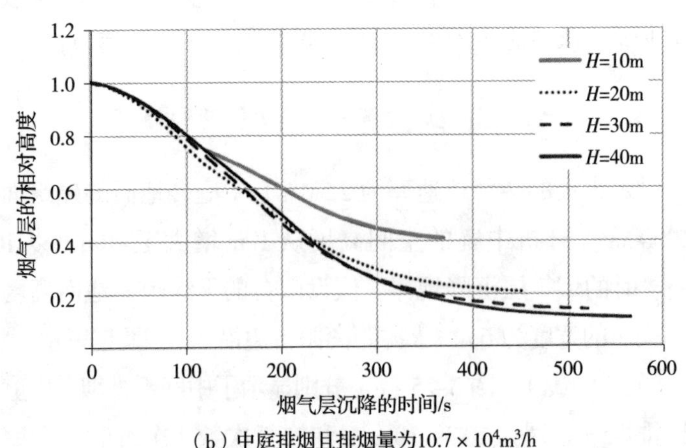

（b）中庭排烟且排烟量为$10.7 \times 10^4 m^3/h$

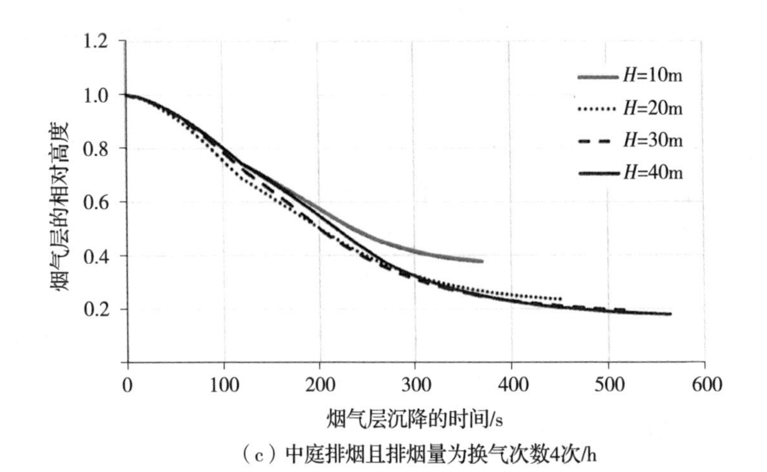

（c）中庭排烟且排烟量为换气次数4次/h

图 3-25 中庭空间高度对烟气层沉降高度的影响

图 3-26 显示了中庭不排烟时，中庭空间高度对能见度的影响。在计算时，可燃物的质量产烟率 ε_s 取 0.043 5kg/kg。图中的时间为从烟气到达中庭顶部后开始沉降的时间，即不计烟气上浮时间的影响。在此情况下可以看出，

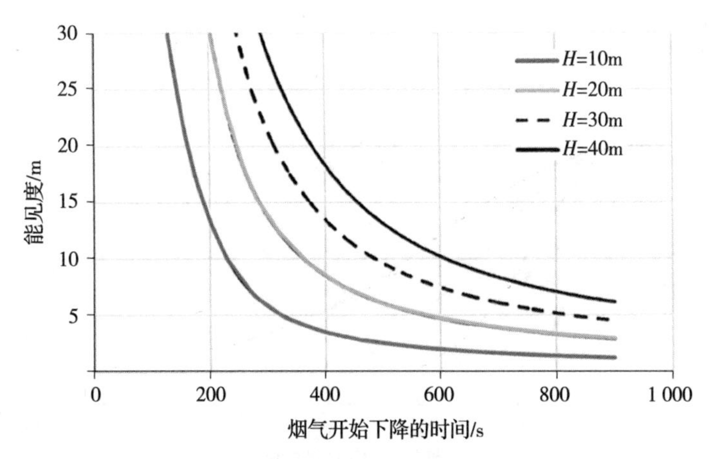

图 3-26 中庭的空间高度对能见度的影响

当中庭的空间高度越小，烟气的浓度越高，能见度下降至临界能见度的时间越短。

假如保证人员安全疏散的清晰高度取 1.6+0.1H，且不低于阳台距离地面的高度。根据图 3–25（a）可以得到，当中庭的空间高度分别为 10m、20m、30m、40m 时，由烟气层高度控制的人员可用疏散时间分别为 245s、320s、345s、355s。如能见度取 10m，对应空间高度的中庭不排烟时，人员的可用疏散时间分别为 288s、423s、548s、669s，此时，人员的可用疏散时间将取决于能见度。

3.6.6 阳台溢出型烟羽流——储烟仓的横截面面积

设定火灾的热释放速率为 2.5MW，中庭的空间高度为 30m，分析中庭储烟仓的横截面面积从 200m^2 增大至 3 200m^2（以前值的倍数）时，在中庭内维持同样烟气层高度所需排烟量的变化情况。图 3–27（a）~ 图 3–27（c）分别显示了中庭不排烟、排烟且排烟量分别为 10.7×10^{4}m^3/h 和换气次数 4 次 /h 时的烟气层沉降情况。

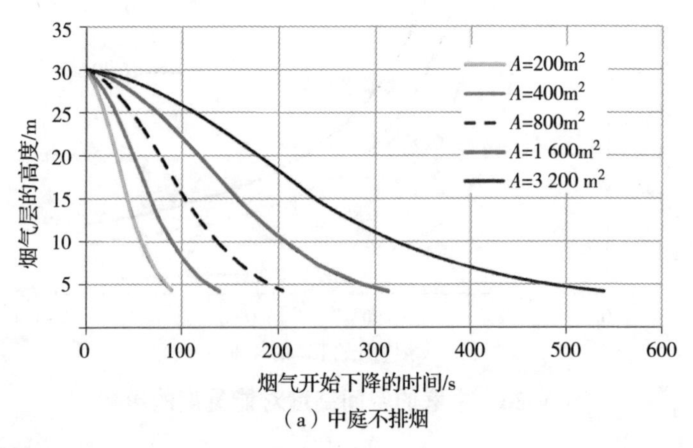

（a）中庭不排烟

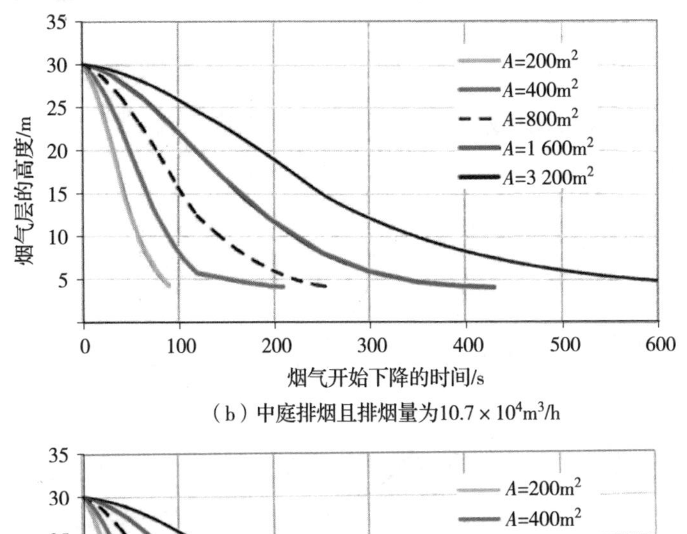

（b）中庭排烟且排烟量为$10.7 \times 10^4 m^3/h$

35
30
25
20
15
10
5
烟气层的高度/m
A=200m²
A=400m²
A=800m²
A=1 600m²
A=3 200m²
0
100
200
300
400
500
600
烟气开始下降的时间/s

（c）中庭排烟且排烟量为换气次数4次/h

图 3–27　中庭储烟仓的横截面面积对中庭内烟气层高度的影响

当中庭不排烟时，随着储烟仓横截面面积的增大，烟气层的沉降速率减慢，且与储烟仓的横截面面积成反比关系。与本章第 3.6.4 部分、第 3.6.5 部分的分析结果相似，排烟对阳台溢出型烟羽流的烟气层沉降速率的影响不大。

图 3–28 显示了中庭储烟仓的横截面面积对能见度的影响。在计算时，可燃物的质量产烟率 ε_s 取 0.043 5kg/kg。

图 3–28 中的时间为从烟气到达中庭顶部后开始沉降的时间，即不考虑烟气沉降滞后时间的影响。在此情况下可以看出，中庭储烟仓的横截面面积对烟气浓度的影响显著，储烟仓的横截面面积越大，能见度下降时间越长。

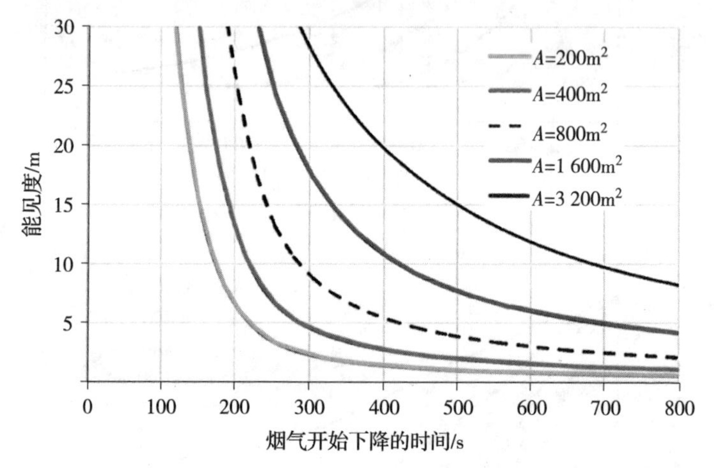

图 3–28　中庭储烟仓的横截面面积对能见度的影响

假如保证人员安全疏散的清晰高度取 5m，且不低于阳台距离地面的高度，能见度取 10m。在中庭不排烟的情况下，对比图 3–27（a）和图 3–28 可以看出，对于不同大小横截面面积储烟仓的中庭，烟气层沉降至 5m 的时间分别为 80s、130s、190s、295s、495s，能见度分别为大于 30m、大于 30m、30m、18m、15m，均远大于 10m。因此，人员的可用疏散时间将取决于能见度。

3.6.7　阳台溢出型烟羽流——阳台的宽度和高度

设定火灾的热释放速率为 2.5MW，中庭的空间高度为 30m，储烟仓的横截面面积为 2 000m²。在阳台溢出型烟羽流中，实际影响烟羽流特性的是烟羽流的溢出总宽度（$W=w+b$）。设定 W=3~15m，H=4.0m，在不考虑中庭排烟的作用情况下分析 W 对烟羽流特性的影响，结果见图 3–29（a）、图 3–29（b）。从图中可以看出，阳台宽度是影响阳台溢出型烟羽流烟气特性的主要因素。随着烟羽流的溢出总宽度增加，烟气溢出量越大，烟气层的沉降速率越快，但对能见度的影响较小。当烟羽流的溢出总宽度为 3m 时，能见度在 400s 时降至 10m；当溢出总宽度不小于 6m 时，能见度在约 500s 时降至 10m。同样，如保证人员安全疏散的清晰高度取 5m，则当 W=3m 时，人员的可用疏散时间将取决于清晰高度；当 $W \geqslant$ 6m 时，人员的可用疏散时间将取决于能见度。

保持其他参数不变，假定 W=12m，分析阳台距离地面的高度 H_b 从 3m 增大至 10m 时对烟羽流特性的影响。当不考虑中庭排烟的作用时，分析结果见图 3–30。

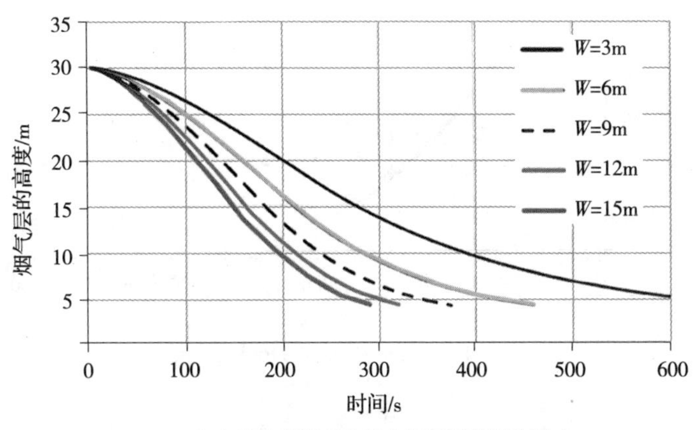

（a）阳台宽度对中庭内烟气层高度的影响

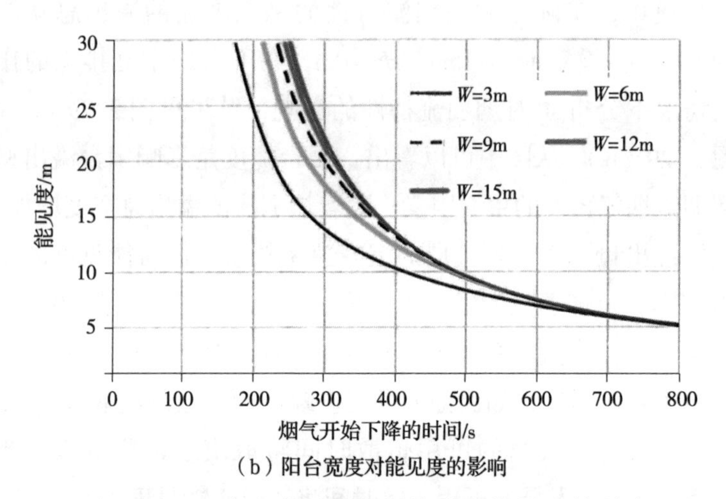

（b）阳台宽度对能见度的影响

图 3–29　阳台宽度对烟气层高度和能见度的影响

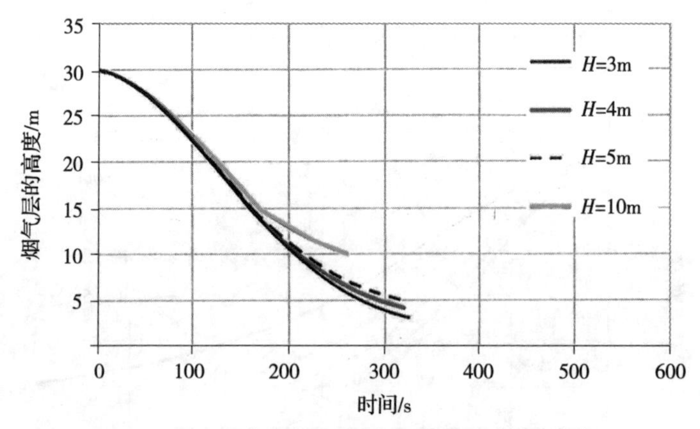

（a）阳台距离地面的高度对烟气层高度的影响

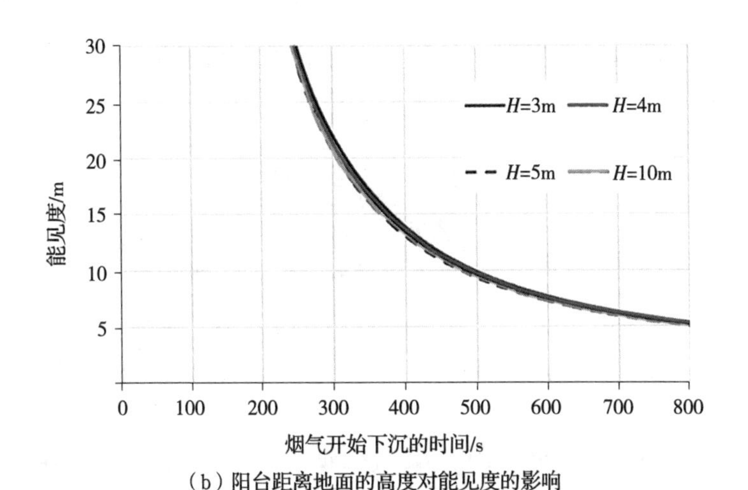

（b）阳台距离地面的高度对能见度的影响

图 3–30　阳台距离地面的高度对烟气层高度和能见度的影响

由于计算仅对阳台以上范围的烟气层沉降有效，因此图 3–30（b）中的曲线结束于各阳台距离地面的高度处。从图 3–30 中可以看出，烟气层的沉降速率除在逼近阳台高度处略降低外，整个沉降过程和能见度基本不受阳台距离楼地面的高度的影响。烟气层的沉降时间为 200~250s，能见度降低至 10m 的时间为 500s 左右。因此，人员的可用疏散时间取决于能见度。

3.6.8　可燃物类型对能见度的影响

在实际火灾中，可能的可燃物类型多种多样，难以一一考虑。因此，下面以常见的两类可燃物为主，采用不同的组合比例代表实际可能的多样可燃物。建筑内常见的可燃物，可以分为以木、棉等天然材料和以塑料类等合成材料为主的两大类。以典型天然材料——木材和典型塑料——聚苯乙烯（Polystyrene）为基础，按不同组成比例分析得到的可燃物的主要燃烧产物特性见表 3–6。

表 3–6 可燃物的主要燃烧产物特性

参数	原木 W	聚苯乙烯 P	$0.9W+0.1P$	$0.7W+0.3P$	$0.5W+0.5P$	$0.3W+0.7P$
ΔH_c（MJ/kg）	19	40	21.1	25.3	29.5	33.7
ε_s（kg/kg）	0.015	0.11	0.025	0.044	0.063	0.082

图 3–31 显示了阳台溢出型烟羽流在不考虑排烟作用的情况下，可燃物的燃烧特性对能见度的影响。显然，能见度随可燃物燃烧产烟率的增加而降低。当质量产烟率从 0.025kg/kg 增加至 0.044kg/kg 时，对能见度的影响明显；当质量产烟率从 0.044kg/kg 增加至 0.082kg/kg 时，对能见度的影响减小。

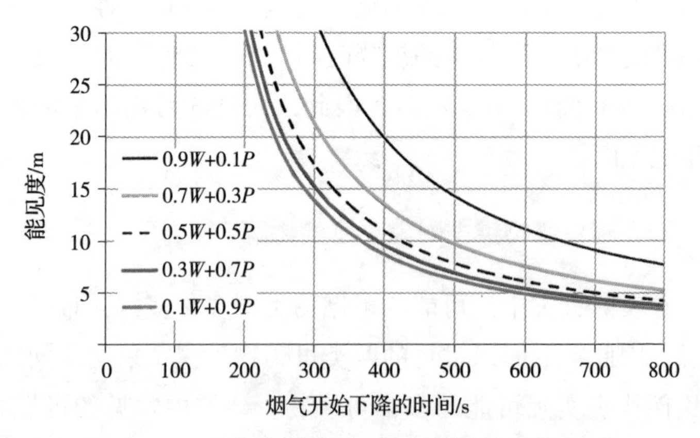

图 3–31 可燃物的燃烧特性对能见度的影响

3.6.9　排烟速率对能见度的影响

本章第 3.6.4 部分～第 3.6.8 部分的分析表明，阳台溢出型烟羽流的排烟速率对烟气层沉降高度的影响有限。本部分将讨论排烟速率对能见度的影响。在本章前述给定的参数条件下，中庭分别在不排烟、排烟且排烟量分别为换气次数 2 次 /h、4 次 /h 和 6 次 /h 时得到的能见度，见图 3–32。从图 3–32 中可以看出，在火灾发展前期，排烟量大小对能见度的影响不明显；当能见度降低至 10m 左右时，排烟量大小对改善能见度具有明显的作用。

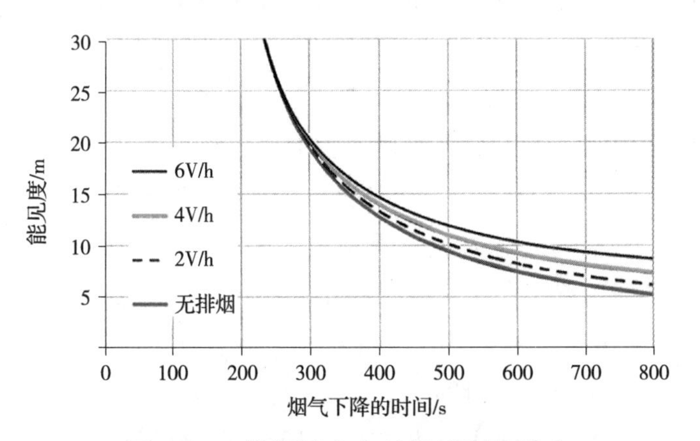

图 3–32　排烟量大小对能见度的影响

第 3.6 节　小结

（1）根据上述排烟对烟气层沉降速率的作用的分析，可以得出以下结论：

1）轴对称型烟羽流的烟气层沉降速率可以在烟气蔓延开始后300s内几乎不随火灾热释放速率的变化而变化，在300s后将随火灾热释放速率的增大而变大，但增大梯度逐渐减小；火灾的热释放速率对阳台溢出型烟羽流的烟气层沉降速率的影响可以忽略。

2）对于轴对称型烟羽流和阳台溢出型烟羽流，烟气层相对不同空间高度中庭的沉降速率基本不变，即烟气层沉降的绝对速率与中庭的空间高度成正比。

3）对于轴对称型烟羽流和阳台溢出型烟羽流，烟气层的沉降速率与中庭储烟仓的横截面面积成反比，横截面面积越大，烟气层的沉降速率越小。

4）对于阳台溢出型烟羽流，烟气溢出阳台的宽度对烟气层的沉降速率有明显的影响，且成正比相关性，阳台距离地面的高度对烟气层的沉降速率影响很小。

（2）根据对典型场景下轴对称型烟羽流和阳台溢出型烟羽流，常见两种中庭排烟模式（排烟量分别采用$10.7\times10^4m^3/h$和换气次数4次/h）对烟气沉降速率的影响的分析，结果表明：

1）没有一种排烟模式能适用于所有分析场景。对于轴对称型烟羽流，不同空间高度的中庭采用换气次数为4次/h的排烟量进行排烟时，烟气层的沉降速率较为稳定；采用$10.7\times10^4m^3/h$的排烟量进行排烟时，烟气层的沉降高度较为稳定，并且与储烟仓的横截面面积关系不密切。

2）对于阳台溢出型烟羽流，当中庭的排烟量分别为换气次数4次/h、$10.7\times10^4m^3/h$时，烟气层的沉降速度均远大于轴对称型烟羽流的情况，且烟气呈现出明显弥散的特征，因此，难以将烟气层稳定于某个高度。

3）对于轴对称型烟羽流，烟气的浓度较高，在绝大多数情况下可以直接分析烟气层的高度，而不必考虑能见度。

4）对于阳台溢出型烟羽流，烟气在空间内弥散范围较大，有关中庭内的人员耐受环境的判定标准不只是烟气层的高度，而可能是能见度。

（3）根据本章第3.6.4部分～第3.6.9部分的分析，以下情况可能需要将能见度作为烟气控制的主要参数：

1）火灾热释放速率较小的情况。根据本章第3.6.4部分的分析结果，当火灾热释放速率为2MW时，由能见度控制的可用疏散时间比由烟气层的高度控制的可用疏散时间多50s。

2）中庭空间高度很大的情况。根据本章第3.6.5部分的分析结果，对于阳台溢出型烟羽流，当中庭的空间高度增大时，可用疏散时间将由能见度控制的趋势越明显。

3）可燃物的产烟量低的情况。

对于以上情况的中庭，其烟气控制适合采用稀释烟气法。

3.7 典型中庭的烟气控制分析与设计

本章第3.1节将中庭分为3类，并阐述了中庭的烟气控制设计目标的差异。本节基于这些类别的中庭分别进行详细讨论，并结合人员疏散的策略与安全需求设定烟气控制的目标，确定烟气控制设计方案。在确定不同区域的人员疏散的策略与安全需求时，采用了以下简化假设：

（1）当某区域仅需考虑该区域内部的人员疏散时，排烟系统应满足该区域的人员可用疏散时间不少于5min。

（2）当某区域作为周围其他区域的疏散路径时，例如，中庭周围的回廊或建筑首层的大堂等空间，排烟系统应满足该区域的人员可用疏散时间不少于20min。

3.7.1 第一类中庭

第一类中庭（中庭的横截面面积不大于800m^2，空间高度不大于35m）贯通多个楼层，中庭与楼层上连通区域的总建筑面积不大于一个防火分区的最大允许建筑面积，且中庭与楼层上连通区域之间未按要求采取防火分隔措施。根据我国国家标准《建筑设计防火规范》GB 50016—2014（2018年版）的要求，当中庭及其连通区域的总建筑面积不大于一个防火分区的最大允许建筑面积时，在中庭与其连通区域之间可以不采取防火分隔措施。取一个如图3-33所示模型的中庭，并设定中庭的空间高度贯通2~7层，每层层高为5m，则分析范围内中庭的空间高度为10~35m。

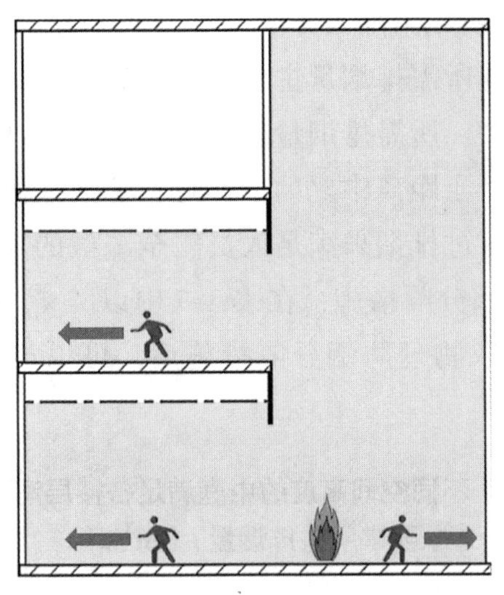

图 3–33　第一类中庭剖面示意图

对于这类中庭，其烟气控制的目标为保证与中庭连通的各层区域上的人员具有安全的疏散环境；保证人员疏散安全性的判定标准为烟气层到达清晰高度的时间大于人员的可用疏散时间，以保证在疏散过程中各层的人员均位于烟气层高度以下，即：

（1）清晰高度：对于中庭的楼地面层，取 1.6+0.1H（H 为中庭高度）；对于其他楼层，取各层楼地面以上 2.1m。

（2）人员的可用疏散时间：对于中庭的楼地面层，取 20min；对于其他楼层，取 5min。

假设各层楼板下面的区域均划分防烟分区，火源位于中庭内，采用轴对称型烟羽流模型，火灾的最大热释放速率为 2.5MW。在分析计算时，假设烟气仅填充中庭的空间，不包含各层的连通空间。当中庭楼地面的建筑面积为 $500m^2$ 时，分析结果如表 3–7 和图 3–34 所示。从图 3–34 可以看出，中庭所需排烟量主要与清晰高度相关，与中庭的空间高度无关。所需排烟量随清晰高度的增加而增加。最上一层楼层由于距离中庭的顶部近，将会很快受到烟气的影响，难以通过排烟来满足人员安全疏散的要求，需要采取物理的防烟分隔措施，在表 3–7 中以“×”号表示，其他楼层在采取物理防烟分隔措施后，可以相应地减小排烟量。

表 3–7　不同空间高度的中庭满足各楼层清晰高度要求所需排烟量 /（m^3/s）

各层楼地面距离中庭楼地面的高度 /m	清晰高度 /m	中庭的空间高度 /m					
		10	15	20	25	30	35
0	1.6+0.1*H*	19	19	20	20	22	24
5	7	27	24	23	20	18	16
10	12		×	52	50	50	48
15	17			×	88	88	86
20	22				×	132	130
25	27					×	180
30	32						×

注：× 表示烟气层沉降过快，难以通过排烟满足人员安全疏散的要求。

为了分析中庭楼地面的面积对清晰高度的影响，针对表 3–7 中中庭的空间高度为 35m 的情况，增加中庭楼地面的

建筑面积分别为 200m² 和 800m² 两种情形，相关结果汇总如图 3–35 所示。从图 3–35 可以看出，排烟量随中庭楼地面的面积增大略有减小，但差别不大；当楼地面距离中庭的楼地面高度为 5m 处时，所需排烟量减小是因为二层以上人员的可用疏散时间要求较短，取 5min。但在实际设计时，应综合与中庭连通的各层人员疏散的安全需求，将排烟量按最大值考虑。综合上述三种情况，中庭内的设计清晰高度与排烟量的关系，可以采用公式（3–45）表示。简化公式与数值模型分析的结果对比见图 3–35。

$$V_e=2.5\,(H_c-7)^{1.4}+30\quad(\geqslant 30\mathrm{m^3/s})\qquad(3\text{–}45)$$

式中：V_e——中庭的排烟量（m^3/s）；

H_c——清晰高度（m）。

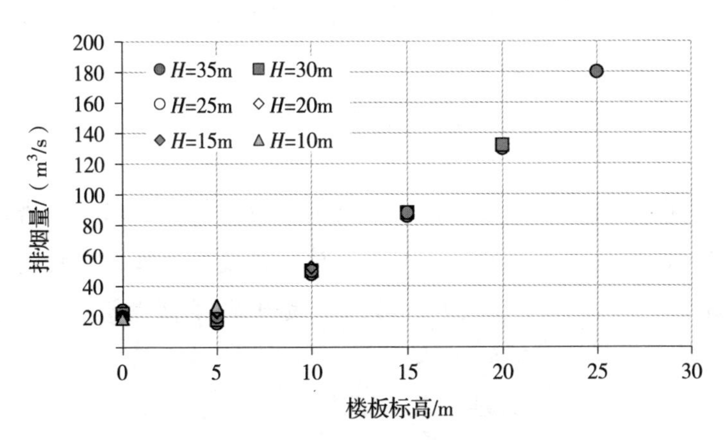

图 3–34　不同空间高度的第一类中庭保证各楼层的清晰高度所需排烟量

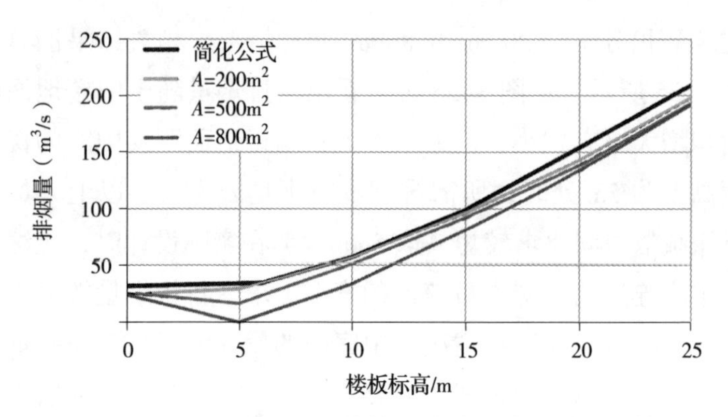

图 3–35　不同地面面积的第一类中庭保证各楼层的清晰高度所需排烟量

算例：假设中庭连通 4 层，各层楼板距离中庭的楼地面的高度分别为 0、6m、10m、14m，中庭的空间高度为 20m。每层在与中庭的连通处设置挡烟垂壁，将与中庭连通的区域按我国国家标准《建筑防烟排烟系统技术标准》GB 51251—2017 的要求划分防烟分区。当对中庭进行排烟时，计算为保证各层清晰高度所需排烟量。

计算过程：

（1）当仅在第四层与中庭之间采取通高的防烟分隔措施时，与中庭连通空间的最高设计清晰高度即为第三层的清晰高度，应为 10+2.1=12.1（m），中庭所需排烟量为 $V_e=2.5\times(12.1-7)^{1.4}+30=54.5$（$m^3/s$）。

（2）当在第三层、第四层与中庭之间均采取通高的防烟分隔措施时，与中庭连通空间的最高设计清晰高度即为第二层的清晰高度，应为 6+2.1=8.1（m），中庭所需排烟量为 $V_e=2.5\times(8.1-7)^{1.4}+30=32.9$（$m^3/s$）。

（3）当在第二层、第三层、第四层与中庭之间均采取通高的防烟分隔措施时，与中庭连通空间的最高设计清晰高度即为中庭楼地面层的清晰高度，应为 1.6+0.1×20=3.6（m），中庭所需排烟量按照公式（3–45）应为 30m³/s，即必须保证中庭烟气控制所需最小排烟量。

3.7.2　第二类中庭

第二类中庭（中庭的横截面面积不小于 200m²，空间高度不小于 20m）贯通多个楼层，中庭与楼层上的连通区域之间按照要求采取防火分隔措施，中庭在各层的开口周围设置回廊。根据该回廊需在火灾时是否用于楼层上的人员疏散，可以分为两种，一种为回廊在火灾时需用于楼层上的人员疏散，如图 3–36（a）所示；另一种为回廊在火灾时不需用于楼层上的人员疏散，如图 3–36（b）所示。

（a）回廊需用于人员疏散

（b）回廊不需用于人员疏散

图 3–36　第二类中庭剖面示意图

对于图 3–36（a）类型的中庭，烟气容易发生弥散现象，难以形成清晰的烟气层，且人员位于各层的房间内，可能需要穿过烟气经回廊到达疏散楼梯间。因此，对于这类中庭，其烟气控制中保证人员疏散安全性的判定标准应为：

（1）各层回廊上的能见度不应小于 5m，中庭楼地面层的能见度不应小于 10m。

（2）由于各层的人员均需要经过回廊疏散，因此在中庭楼地面层和各层回廊上人员的可用需疏散时间均要求不小于 20min。

假设中庭采用自然排烟方式排烟，在中庭内允许有少量可燃物，火源为中庭楼地面或回廊区域的垃圾桶等可燃物。因此，将中庭内火灾的最大热释放速率设定为 2.5MW。

影响中庭能见度的设计参数除中庭的尺寸和排烟量外，可燃物的燃烧特性也有很大的影响。根据本章表 3–8 中设定的四种组合方式的可燃物的产烟率，分别计算当中庭的空间高度为 20~80m、地面的建筑面积为 200~800m^2 时，维持中庭内的平均能见度在 20min 内不小于 10m 所需最小排烟量，结果如图 3–37 所示。图中横轴为中庭的体积，纵轴为中庭的排烟量。中庭对应不同产烟率所需排烟量均呈现出初期基本不变，但后期随中庭的体积增大而逐渐降低的特点。对图 3–37 中的下降段用二阶曲线进行拟合，结果如图 3–37 中虚线所示。综合水平段和拟合的下降段，保证中庭在排烟 20min 内的最小能见度所需排烟量可以用下式表达：

$$V_e=\begin{cases} V_{e,\max} & (V\leqslant V_0) \\ aV^2+bV+c & (V>V_0) \end{cases} \tag{3-46}$$

式中：V——中庭的体积（$\times 10^4 m^3$）。

公式（3-46）中其他参数的取值见表 3-8。

表 3-8　公式（3-46）中的参数取值

质量产烟率 ε_s/（kg/kg）	V_0/m^3	$V_{e,\max}$/（m^3/s）	a	b	c
0.025	1.0×10^4	54	–1.315	–0.613	56.61
0.044	2.4×10^4	76	–2.074	10.648	61.24
0.063	3.2×10^4	92	–1.339	6.607	84.66
0.082	3.2×10^4	104	–0.781	3.750	100.00

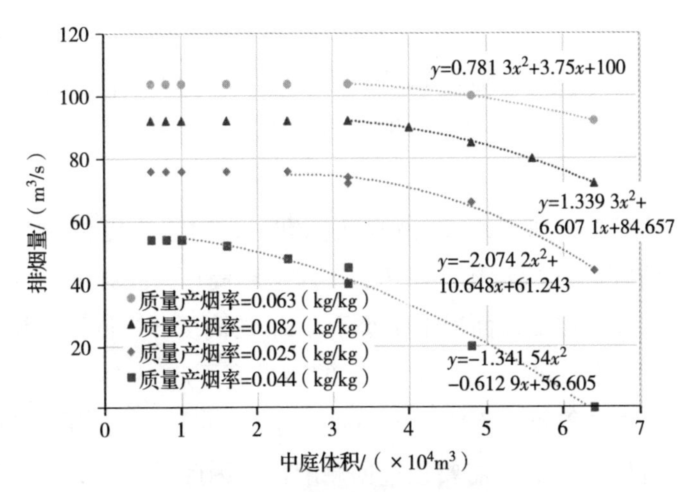

图 3-37　第二类中庭保证最小能见度所需排烟量

算例：假设一个空间高度为80m的中庭，各层设置回廊，回廊与周围房间采用防火隔墙和甲级防火门分隔，回廊上任一点至最近疏散楼梯间的疏散距离均不大于30m，中庭楼地面的建筑面积为600m^2。当对中庭进行排烟时，计算中庭为保证其最小能见度所需排烟量。

计算过程：

对公共建筑内的常见可燃物，其质量产烟率可以取0.044kg/kg；中庭的容积为$V=600\times80=4.8\times10^4$（m^3）$>2.4\times10^4$（m^3）。按照表3-8和公式（3-46）计算所需排烟量：

$$V_e=-2.074\times4.8^2+10.648\times4.8+61.24=64.6\ (\text{m}^3/\text{s})。$$

对于图3-36（b）类型的中庭，可以是宽大型中庭，也可以是瘦高型中庭，难以判断其烟气控制中保证人员疏散安全性的判定标准是依据烟气层的高度还是能见度。在分析时，需要同时考虑这两个参数。对于中庭楼地面层或各层回廊，在设计排烟量下应首先判断烟气层是否位于所需清晰高度以上；如果不满足，则应再计算能见度，如能见度能满足疏散要求，也可以认为中庭的烟气控制能够满足人员安全疏散的要求。

当依据清晰高度作为判断标准时，对于中庭的楼地面层，清晰高度应取$1.6+0.1H$（H为中庭高度）；对于其他楼层，应取该层楼地面以上不小于2.1m的高度。当依据能见度作为判断标准时，各层回廊上的能见度不应小于5m，中庭楼地面层的能见度不应小于10m。对于人员的可用疏散时间，由于各层的人员不需要经过回廊疏散，因此对于中庭的楼地面层，取20min；对于其他楼层，取5min。

假设中庭采用自然排烟方式排烟，中庭的楼地面上允许有少量可燃物，火源来自中庭的楼地面或回廊区域的垃圾桶等可燃物。设定火灾的最大热释放速率为2.5MW，中庭楼地面的建筑面积为200~2 000m^2，空间高度为10~80m，分别计算中庭楼地面层和各层回廊处为保证最小能见度或清晰高度所需排烟量。在计算时，可燃物的综合质量产烟率取0.044kg/kg，分析结果见表3–9~表3–12，表中括号内的数值为保证能见度所需排烟量，其他数值为保证清晰高度所需排烟量。从表3–9~表3–12中的结果可以发现：

（1）对于任意平面尺寸的中庭，为保证中庭及其连通楼层的清晰高度所需排烟量，随清晰高度的要求不同有很大差异。当所需清晰高度增大时，排烟量可能变得很大。因此，当清晰高度靠近中庭的楼地面时，所需排烟量主要取决于要求的清晰高度；当清晰高度靠近中庭的上部时，中庭的烟气控制有时难以保证所需清晰高度，此时排烟的目的将转变为保证人员疏散所需能见度。当中庭的排烟量取决于能见度时，中庭的楼层位置和高度、中庭的平面尺寸和容积大小均与排烟量无关，各层回廊所需排烟量相同。

（2）由于设定在回廊上人员的可用疏散时间为5min，因此当中庭的空间高度或地面建筑面积较大时，仅靠烟气在中庭内的自然浮升和蔓延而不排烟，也可满足各层回廊上的人员安全疏散的要求。当为保证中庭内具有较好的疏散和消防救援条件时，仍应考虑对中庭排烟，其排烟量可以根据中庭楼地面层上的清晰高度要求确定。

表 3–9　中庭楼地面的建筑面积为 $200m^2$、火灾的热释放速率为 2.5MW 时，中庭下部及各层回廊所需排烟量计算值 / (m^3/s)

楼地面距离中庭楼地面的高度 /m	清晰高度 / m	中庭的空间高度 /m														
		10	15	20	25	30	35	40	45	50	55	60	65	70	75	80
0	1.6+0.1H	19	20	20	21	22	23	25	27	29	31	33	35	38	41	43
5	7	29	29	29	29	29	29	29	29	29	10	10	10	10	9	9
10	12		55	55	55	55	55	55	55	42	10	10	10	10	9	9
15	17			76	76	76	70	62	56	42	10	10	10	10	9	9
20	22				76	76	70	62	56	42	10	10	10	10	9	9
25	27					76	70	62	56	42	10	10	10	10	9	9
30	32						70	62	56	42	10	10	10	10	9	9
35	37							62	56	42	10	10	10	10	9	9

续表

楼地面距离中庭楼地面的高度 /m	清晰高度 / m	中庭的空间高度 /m														
		10	15	20	25	30	35	40	45	50	55	60	65	70	75	80
40	42								56	42	10	10	10	10	9	9
45	47									42	10	10	10	10	9	9
50	52										10	10	10	10	9	9
55	57											10	10	10	9	9
60	62												10	10	9	9
65	67													10	9	9
70	72														9	9
75	77															9
计算结果取值		29	55	76	76	76	70	62	56	42	31	33	35	38	41	43

表 3–10 中庭楼地面的建筑面积为 500m^2、火灾的热释放速率为 2.5MW 时，中庭底部及各层回廊所需排烟量计算值 /（m^3/s）

楼地面距离中庭楼地面的高度 /m	清晰高度/m	中庭的空间高度 /m														
		10	15	20	25	30	35	40	45	50	55	60	65	70	75	80
0	1.6+0.1H	19	19	20	20	22	24	25	27	29	31	33	36	38	40	43
5	7	27	24	23	20	0*	0*	0*	0*	0*	0*	0*	0*	0*	0*	0*
10	12			52	50	0*	0*	0*	0*	0*	0*	0*	0*	0*	0*	0*
15	17			74*	56*	0*	0*	0*	0*	0*	0*	0*	0*	0*	0*	0*
20	22				56*	0*	0*	0*	0*	0*	0*	0*	0*	0*	0*	0*
≥ 25	27					0*	0*	0*	0*	0*	0*	0*	0*	0*	0*	0*
计算结果取值		27	24	74*	56*	22	24	25	27	29	31	33	36	38	40	43

注：1. * 表示该数值为依据能见度计算所需排烟量。

2. 0 表示不需要排烟。

表 3–11　中庭楼地面的建筑面积为 800m^2、火灾的热释放速率为 2.5MW 时，中庭底部及各层回廊所需排烟量计算值 / (m^3/s)

楼板标高 / m	清晰高度 / m	中庭的空间高度 /m														
		10	15	20	25	30	35	40	45	50	55	60	65	70	75	80
0	1.6+0.1H	18	19	19	20	21	23	25	27	28	30	33	36	39	42	45
5	7	23	15	8	0*	0*	0*	0*	0*	0*	0*	0*	0*	0*	0*	0*
10	12		52	45	0*	0*	0*	0*	0*	0*	0*	0*	0*	0*	0*	0*
15	17			66*	0*	0*	0*	0*	0*	0*	0*	0*	0*	0*	0*	0*
≥ 20	22				0*	0*	0*	0*	0*	0*	0*	0*	0*	0*	0*	0*
计算结果取值		23	52	66*	20	21	23	25	27	28	30	33	36	39	42	45

注：1. * 表示该数值为依据能见度计算所需排烟量。

2. 0 表示不需要排烟。

表 3–12　中庭楼地面的建筑面积为 2 000m^2、火灾的热释放速率为 2.5MW 时，中庭底部及各层回廊所需排烟量计算值 / (m^3/s)

楼板标高 / m	清晰高度 / m	中庭的空间高度 /m														
		10	15	20	25	30	35	40	45	50	55	60	65	70	75	80
0	1.6+0.1H	12	12	12	12	13	14	16	18	20	22	24	27	29	32	35
5	7	6	0*	0*	0*	0*	0*	0*	0*	0*	0*	0*	0*	0*	0*	0*
≥ 10	12		0*	0*	0*	0*	0*	0*	0*	0*	0*	0*	0*	0*	0*	0*
计算结果取值		12	12	12	12	13	14	16	18	20	22	24	27	29	32	35

注：1. * 表示该数值为依据能见度计算所需排烟量。

2. 0 表示不需要排烟。

为了从表 3-9~ 表 3-12 中归纳出排烟量计算方法，经观察可以发现：

（1）当中庭的空间高度不大于 15m 时，排烟量由各层中所需清晰高度的最大值决定。

（2）当中庭的空间高度大于 15m 时，排烟量由中庭楼地面层的清晰高度和中庭的能见度两者的较大值确定。

公式（3-45）给出了对应不同清晰高度时的排烟量简化计算公式。此处重点分析为保证中庭的能见度所需排烟量的计算方法。为此，将上述表中的中庭几何参数和根据能见度要求确定的排烟量汇总于图 3-38。其中，横轴为中庭的形状参数，计算为 $X=H\cdot A^{0.6}$。其中，H 为中庭的空间高度（m），A 为中庭的横截面面积（m^2）。对图中的数据取较为保守的包络线，则为保证中庭的能见度所需排烟量的计算方法可以总结为公式（3-47）：

$$V_e=\begin{cases} V_{e,max} & (X\leqslant 970) \\ V_{e,max}-0.1048(X-970) & (970<X\leqslant 1600) \\ 10 & (X>1600) \end{cases} \quad (3\text{-}47)$$

式中：$V_{e,max}$——根据可燃物的产烟率计算的最大排烟量（m^3/s）。

公式（3-47）中的有关参数取值，见表 3-8。利用简化公式计算的结果与表 3-9~ 表 3-12 中分析结果的对比情况，见图 3-39。

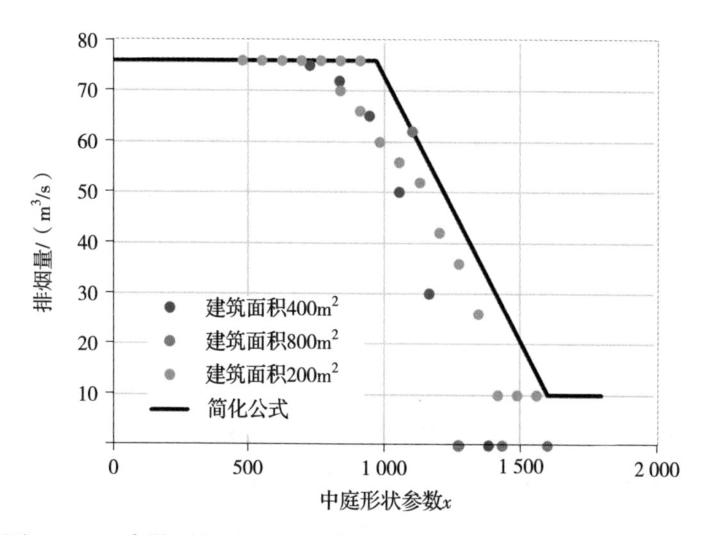

图 3–38　疏散时间为 5min 时所需能见度的中庭最小排烟量

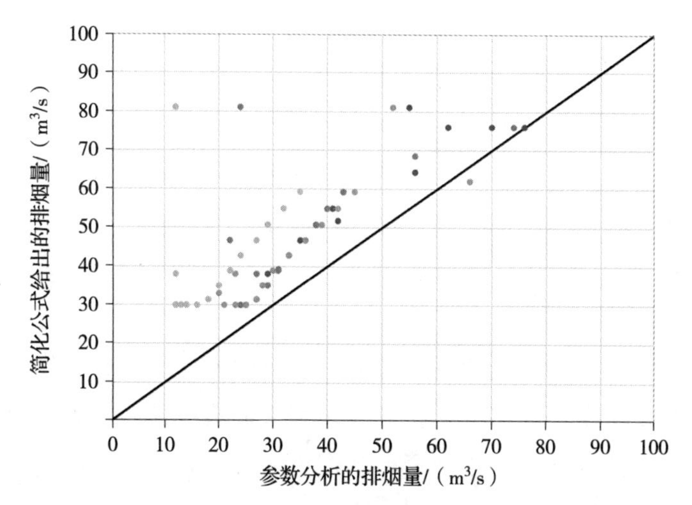

图 3–39　利用简化公式计算的结果与参数分析结果的对比

算例：假设在一座办公建筑内设置一个空间高度为60m的中庭，每层设置回廊，并沿回廊设置办公场所。在办公场所与回廊之间采用防火隔墙、甲级防火门等分隔。办公区域的人员疏散不需要经过回廊，回廊上的人员可以利用与回廊直接连通的安全出口或经就近的防火门进入办公区域疏散。中庭楼地面的建筑面积为600m^2，计算中庭为保持必需的清晰高度所需最小排烟量。

计算过程：

当中庭的空间高度大于15m时，应根据中庭楼地面层上方的清晰高度和能见度分别计算所需最小排烟量。

中庭楼地面层的清晰高度应为$1.6+0.1\times60=7.6$（m）。根据简化计算公式（3–45），所需最小排烟量为$V_e=2.5\times(7.6-7)^{1.4}+30=31.2$（m^3/s）。

对于办公建筑，室内常见可燃物的质量产烟率可以取0.044kg/kg，中庭的形状系数为$X=60\times600^{0.6}=2\ 786.4$，根据公式（3–47），$V_e=10.0$（m^3/s）。

因此，中庭为保持必需的清晰高度所需最小排烟量的计算结果取值应为max（31.2，10）=31.2（m^3/s）。

3.7.3 第三类中庭

第三类中庭（横截面面积不小于200m^2，空间高度不限制）是在中庭开口处均按照要求采取防火分隔措施，与其他楼层上的其他区域不连通，各层上的人员均不需要经过中庭或中庭的回廊疏散。此时，中庭相当于一个空间高度很高的独立空间，如图3–40所示。

图 3–40　第三类中庭剖面示意图

对于此类中庭，保证中庭及各层人员安全疏散的判定标准应为：烟气下降至所需清晰高度的时间应满足人员安全疏散的要求。清晰高度可以只考虑中庭楼地面层的情形，即应为 1.6+0.1H（H 为中庭高度）；人员的可用疏散时间根据前面的假定，在中庭的楼地面层按不小于 20min 取值。

1. 轴对称型烟羽流

假设保证中庭内的人员安全疏散所需清晰高度为 1.6+0.1H 且≥ 3.0m。

当采用自然排烟方式排烟时，针对空间高度为 12~40m、地面建筑面积为 200~3 000m^2 的中庭，火灾的最大热释放速率取 2.5~10MW，则中庭排烟所需排烟量的计算结果，如图 3–41 和图 3–42 所示。

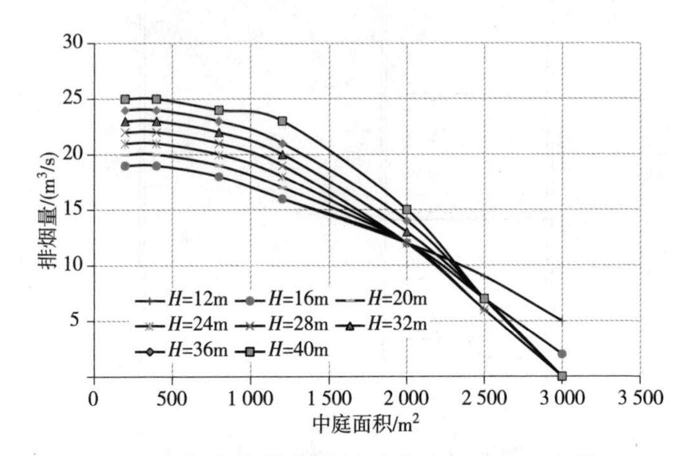

图 3-41　在火灾的热释放速率为 2.5MW 条件下不同尺寸的中庭所需排烟量

根据分析结果，可以看出：

（1）中庭的空间高度对其所需最小排烟量有一定影响，但影响不大。

（2）中庭所需最小排烟量随中庭楼地面的建筑面积增加而减小，且减小的速度与中庭的空间高度相关。

（3）中庭所需最小排烟量随火灾的热释放速率增加而增加，且基本呈线性关系。

根据图 3-41 和图 3-42 进行数值插值，可以得到中庭在自然排烟条件下所需最小排烟量随中庭楼地面的建筑面积、空间高度和火灾的热释放速率的变化规律，并可以采用简化公式（3-48）表示：

$$V_e = a\left(\frac{A}{100}\right)^2 + b\left(\frac{A}{100}\right) + c \tag{3-48}$$

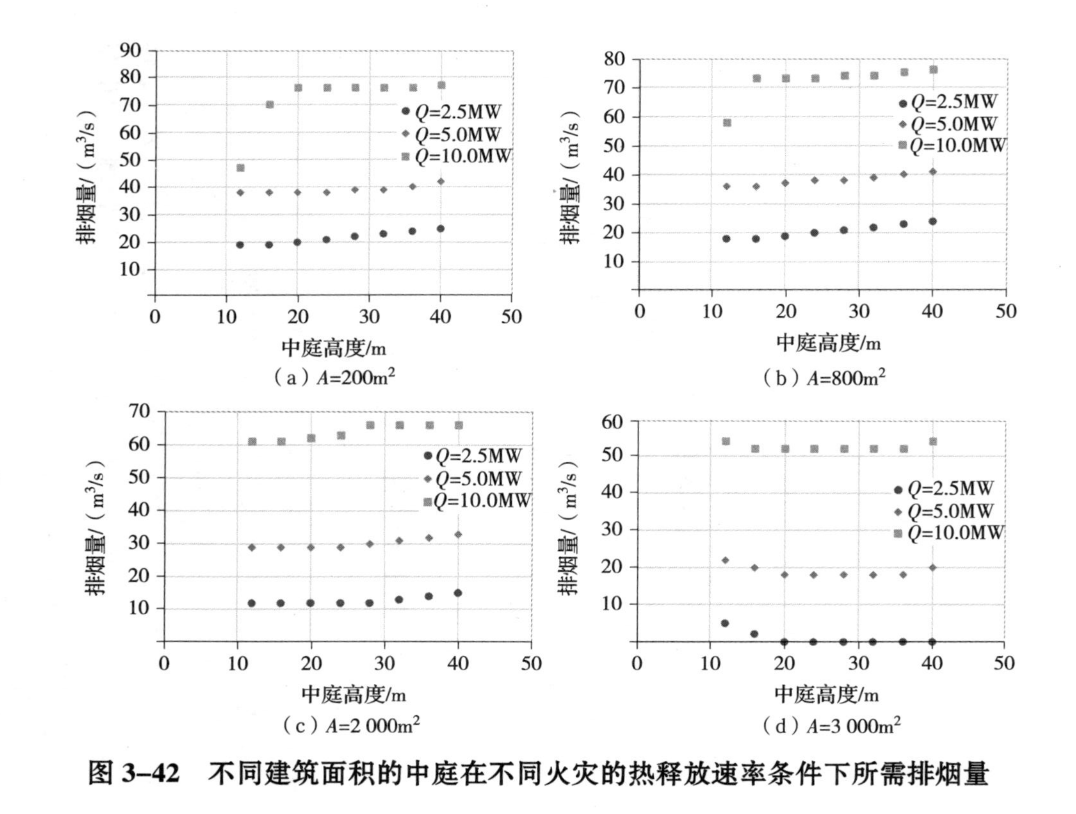

图 3–42　不同建筑面积的中庭在不同火灾的热释放速率条件下所需排烟量

$$a=-0.0035\left(\frac{H}{1000}\right)^3+0.2829\left(\frac{H}{1000}\right)^2-7.8248\left(\frac{H}{1000}\right)+47.652 \tag{3-49}$$

$$b=0.0876\left(\frac{H}{1000}\right)^3-6.7977\left(\frac{H}{1000}\right)^2+171.32\left(\frac{H}{1000}\right)-1363.5 \tag{3-50}$$

$$c=7.6Q-\frac{H-12}{4} \tag{3-51}$$

式中：A——中庭楼地面的建筑面积（m^2）；

H——中庭的空间高度（m）；

Q——火源的热释放速率（MW）。

按照简化公式（3-48）计算的结果与按照烟气层沉降模型分析的结果对比，见图3-43。从图3-43中可以看出，在火灾的热释放速率分别为2.5MW和5.0MW时的分析结果较吻合；当火灾的热释放速率为10MW时，按照简化公式（3-48）计算的结果较保守。

按照我国国家标准《建筑防烟排烟系统技术标准》GB 51251—2017建议的排烟量计算方法，即直接利用火灾的产烟量作为设计排烟量，忽略对烟气填充和沉降过程的模拟，计算得到的排烟量与采用烟气层沉降模型分析得到的结果对比，见图3-44。从图3-44可以看出，国家标准《建筑防烟排烟系统技术标准》GB 51251—2017规定的计算方法由于忽略了烟气的填充和沉降过程，未能考虑在烟气控制中的重要因素，即储烟仓横截面面积的影响，因而计算结果与实际分析结果差异较大。尤其是，当火灾的热释放速率偏大时，可能会导致计算结果大大低于实际所需排烟量。

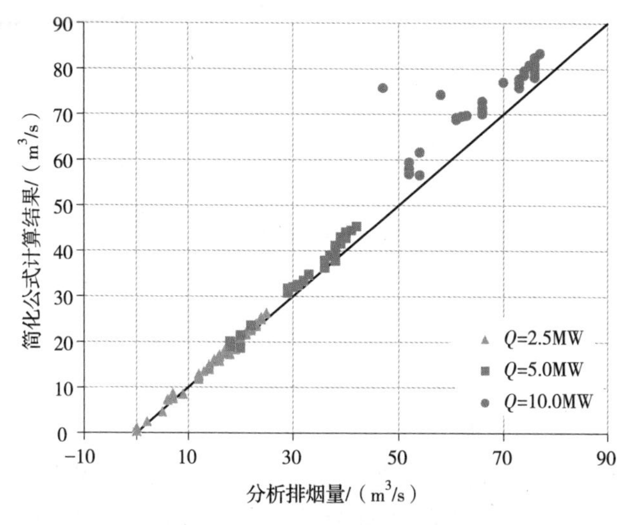

图 3-43　按照简化公式（3-48）计算与按照烟气层沉降模型计算的结果对比

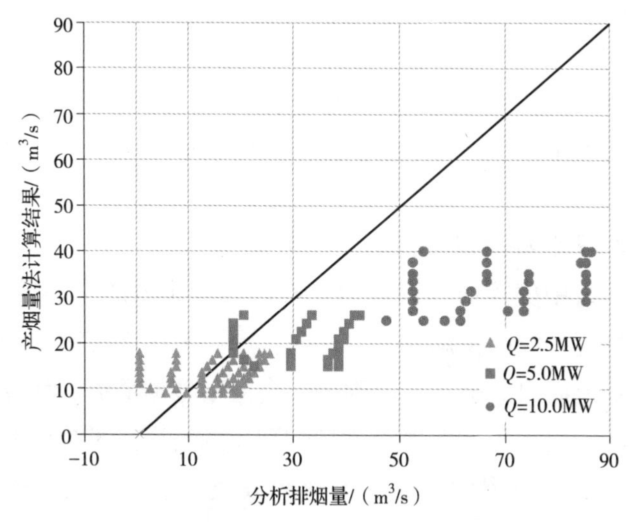

图 3-44　按照 GB 51251—2017 规定方法与采用烟气层沉降模型计算的结果对比

当中庭排烟采用机械排烟方式时，如果中庭的容积较小或者火灾的热释放速率较大，这会因烟气的温度太高而导致排烟系统失效。通过分析在不同火灾的热释放速率条件下，为保证中庭及其连通空间内的人员安全疏散条件，中庭分别采用机械排烟方式和自然排烟方式时所需排烟量，可以获得以下结论：

（1）机械排烟方式适用的最小中庭容积与火灾的热释放速率密切相关。当火灾的热释放速率为2.5MW时，允许采用机械排烟方式的最小中庭容积为$1\times10^4m^3$；当火灾的热释放速率为5.0MW时，允许采用机械排烟方式的最小中庭容积为$2.4\times10^4m^3$；当火灾的热释放速率为10MW时，允许采用机械排烟方式的最小中庭容积为$4.8\times10^4m^3$。中间可以采用插值法确定。

（2）当中庭容积小于上述值，且采用机械排烟方式时，需要增加排烟量。当火灾的热释放速率不大于5.0MW时，可以在同等条件下，将中庭的空间高度设定为40m计算所需排烟量。

2. 阳台溢出型烟羽流

当与中庭连通的区域向具有回廊或挑檐的中庭排烟时，会产生阳台溢出型烟羽流。此时，原则上可以控制阳台溢出型烟羽流溢出的范围，以确保阳台溢出型烟羽流的计算要求不会超出同等条件下轴对称型烟羽流的情况。影响中庭所需排烟量的主要因素为火灾的热释放速率和储烟仓的横截面面积。

根据在轴对称型烟羽流情况下中庭所需最大排烟量，可以反算出在阳台溢出型烟羽流情况下的阳台最大溢流宽度。在分析中，仅考虑阳台下火源的热释放速率为 2.5MW 的情况，分析结果见图 3–45。对图中的数据进行拟合分析可以得到：

（1）当中庭储烟仓的横截面面积小于 2 000m^2 时，阳台的最大溢流宽度可以采用公式（3–52）计算：

$$W_{max}=\frac{V_e}{10}-1 \quad (V_e\leqslant 90m^3/s) \tag{3-52}$$

式中：V_e——根据轴对称型烟羽流确定的中庭所需排烟量（m^3/s）。

（2）当中庭储烟仓的横截面面积为 2 000~3 000m^2 时，由楼板下向中庭排烟时允许阳台的最大溢流宽度可以采用公式（3–53）计算：

$$W_{max}=\frac{V_e}{10} \quad (V_e\leqslant 90m^3/s) \tag{3-53}$$

在公式（3–53）中，当 $V_e \geqslant$ 90m^3/s，且中庭的空间高度大于 50m 时，W_{max} 不受限制。

（3）当中庭储烟仓的横截面面积不小于 3 000m^2 时，阳台的最大溢流宽度可以采用公式（3–54）计算：

$$W_{max}=\frac{V_e}{10}+1 \quad (V_e<65m^3/s) \tag{3-54}$$

在公式（3–54）中，当 $V_e \geqslant$ 65m^3/s 时，W_{max} 不受限制。

当不满足公式（3–52）~ 公式（3–54）的条件时，应将楼板下的区域划分为独立的防烟分区，并独立进行排烟。

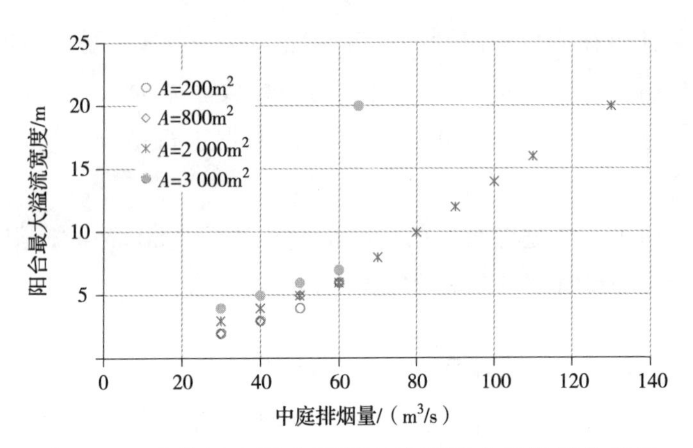

图 3-45　允许阳台溢出型烟羽流利用中庭排烟的条件

第 3 章　小结

对中庭进行烟气控制（包括控制烟气蔓延的范围和方向）的目的是，防止中庭中火灾产生的烟气或中庭周围连通区域内火灾溢入中庭内的烟气经中庭蔓延至其他楼层或区域，为火灾下建筑内的人员疏散、消防救援人员进入建筑实施救援创造有利条件。中庭的烟气控制方法有储烟法、排烟法和控烟法等。其中，排烟法是我国相关技术标准推荐的烟气控制方法。

本章简述了烟气相关参数和排烟量计算的基本理论，并在之前工作的基础上进一步拓展、完善了烟气层沉降分析模型。该模型可以用于估计中庭中的轴对称型烟羽流和阳台溢出型烟羽流蔓延情况、在考虑排烟作用时中庭内的能见度和烟气层沉降速率。基于该模型对高大空间的烟气层沉降特征进行了相关影响参数研究，分析了火灾的热释放速率、中庭的空间高度、中庭储烟仓的横截面面积、阳台尺寸、可燃物的类型、中庭的排烟速率等因素对中庭内的烟气层高度或清晰高度和能见度等的影响。

针对 3 种典型中庭，结合火灾时人员安全疏散的策略和要求，采用烟气层沉降分析模型进行了系统分析，给出了相应的中庭排烟所需排烟量的简化计算公式。

第 4 章　建筑中庭防火设计实例

4.1　案例一　某商业建筑的条形状中庭

4.1.1　建筑的基本情况

某建筑为 2 层的商业裙房，设置 2 层半地下室和 3 层地下室（以西侧地坪为室外参考面），为一类高层民用建筑的裙房和地下室，耐火等级一级，框架结构，总建筑面积约为 $12.9 \times 10^4 m^2$。其中，地上建筑面积约为 $4.2 \times 10^4 m^2$，地下建筑面积约为 $8.7 \times 10^4 m^2$。建筑用地东南低、西北高，建筑东侧与西侧地坪高差约为 11m，为坡地建筑。建筑的地下三层为机动车库、设备房、丁戊类库房，地下二层为机动车库、设备房、商业，地下一层为商业、餐饮、机动车库、设备房，半地下二层为商业、餐饮、机动车库、自行车库、设备房，半地下一层商业、餐饮、影院、机动车库、设备房，首层为商业、餐饮、影院，二层为在一层的屋顶局部区域设置商业、餐饮和位于首层的电影院屋顶，见图 4–1。

设置在裙房内的中庭，在平面上顺用地条件呈条形状贯穿南北（南北用地长度为 198m），在竖向自半地下二层贯穿至裙房首层的屋顶（即中庭 3 层通高，未贯穿至北侧局部的二层区域），将该裙房分为东西两部分。半地下二层与中庭东侧邻接的商铺的地面与室外地坪的标高相同，可以直接通

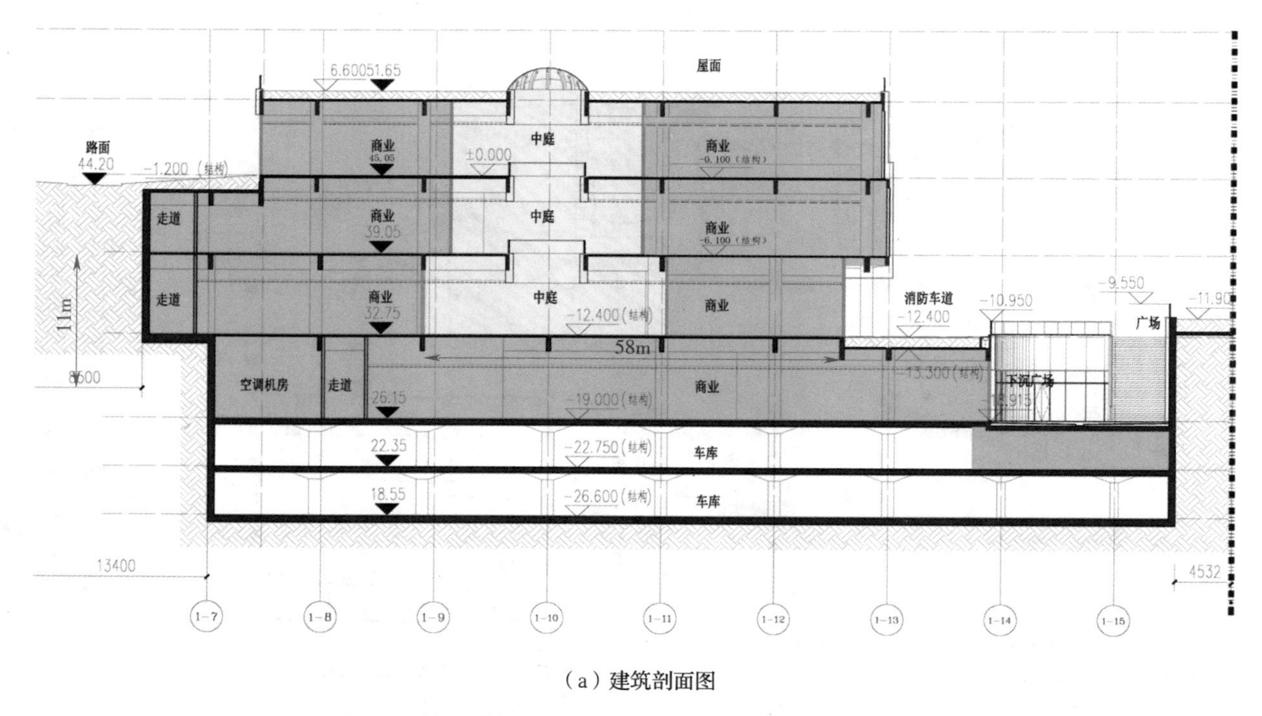

屋面
6.60051.65
路面
44.20
-1.200（结构）
商业
45.05
中庭
±0.000
商业
-0.100（结构）
走道
商业
39.05
中庭
商业
-6.100（结构）
走道
商业
32.75
中庭
-12.400（结构）
商业
消防车道
-12.400
-10.950
-9.550
-11.90
广场
11m
58m
8600
空调机房
走道
26.15
-19.000（结构）
商业
-13.300（结构）
下沉广场
22.35
-22.750（结构）
车库
18.55
-26.600（结构）
车库
13400
4532
1-7
1-8
1-9
1-10
1-11
1-12
1-13
1-14
1-15

（a）建筑剖面图

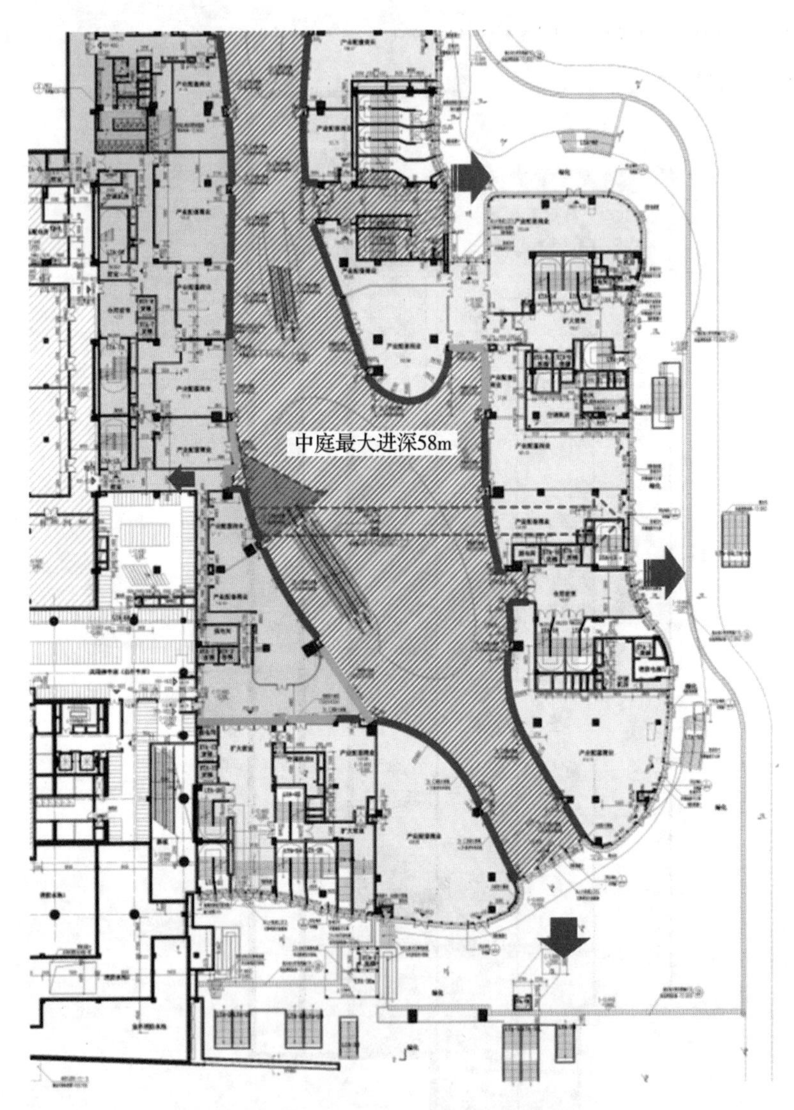

（b）地下一层中庭进深最大处局部平面图

图 4-1　本案例裙房的建筑剖面和地下一层中庭进深最大处局部平面图

至室外空间，中庭西侧邻接的半地下二层和半地下一层的商铺位于室外地坪下。中庭局部区域距离东侧室外地面最远为 58m，其他区域距离东侧室外地面均不大于 37.5m。中庭的开口宽度从南至北大小不一致，与中庭连通区域的建筑面积：中庭西侧半地下一层、半地下二层的商业区域总建筑面积为 8 641m^2，地上与中庭连通的商业区域总建筑面积为 18 462m^2（包括中庭东侧的 3 层和中庭西侧的 1 层的商业区域建筑面积），详见图 4–2 和表 4–1。在中庭内设置一部自动扶梯与地下一层的商业营业厅连通。

4.1.2　建筑的设防原则

1. 中庭

本案例建筑的中庭东侧和南侧、中庭西侧的首层均具备可供人员疏散至室外和消防救援进入建筑的室外地面，从中庭东侧的建筑室外地面（中庭西侧的半地下二层地面）算起，建筑高度为 23.8m；从中庭西侧首层的室外地面算起，建筑高度为 11.4m，在裙房东西两侧设置的消防车道和场地能够满足灭火救援的需要。在每层的中间部位采用中庭自地下二层贯通至地上一层屋顶。一旦建筑发生火灾，无论火灾是位于中庭西侧的商业区域还是中庭东侧的商业区域，火灾产生的烟气和热量进入中庭后，其排出与地上中庭没有差异，不会像地下建筑一样难以排出。中庭区域的人员疏散条件、火灾的烟气和热量的排出、灭火救援条件与地上建筑差别很小。因此，该中庭按照地上建筑的中庭考虑其防火设计要求，见图 4–3。

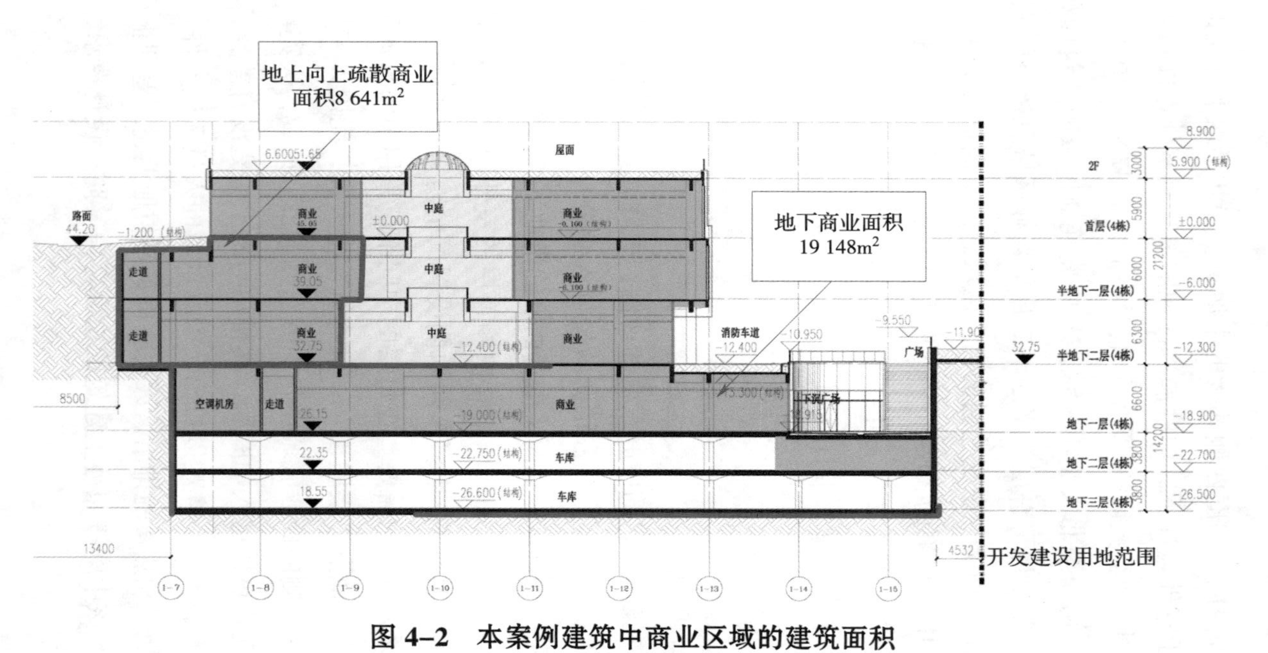

图4-2 本案例建筑中商业区域的建筑面积

表 4–1　本案例建筑中商业区域的建筑面积统计

楼层位置	地下部分	地上部分		
	地下商店面积 /m²	向上疏散的商店面积 /m²	平层或向下疏散的商店面积 /m²	中庭面积 /m²
地下二层	430	—	—	—
地下一层	18 718	—	—	—
半地下二层	—	4 971	4 432	4 149
半地下一层	—	3 670	6 258	2 749
首层	—	—	7 772	2 425
合计	19 148	8 641	18 462	9 323

2. 除中庭外的其他区域

中庭东侧的商业区域一旦发生火灾，其人员疏散条件、火灾的烟气和热量的排出、灭火救援条件与地上建筑无异，中庭东侧的全部商业区域独立划分防火分区且满足相应的疏散要求后，按照地上建筑考虑其防火技术要求。中庭西侧商业区域内的人员需要通过疏散楼梯向上疏散至首层再出室外，与地下建筑相似，但由于与中庭东侧的地上区域位于同层，其火灾的烟气和热量的排出、灭火救援条件、自然采光条件又比常规的地下建筑好。

根据建筑位于地上、地下的情况，在裙房的东侧和西侧均设置消防车道，并在塔楼北侧首层和南侧半地下二层室外下沉式广场设置消防车道或消防救援场地。因此，裙房的建筑高度以建筑高度最大的东侧下沉式广场的地面标高为基准确定。

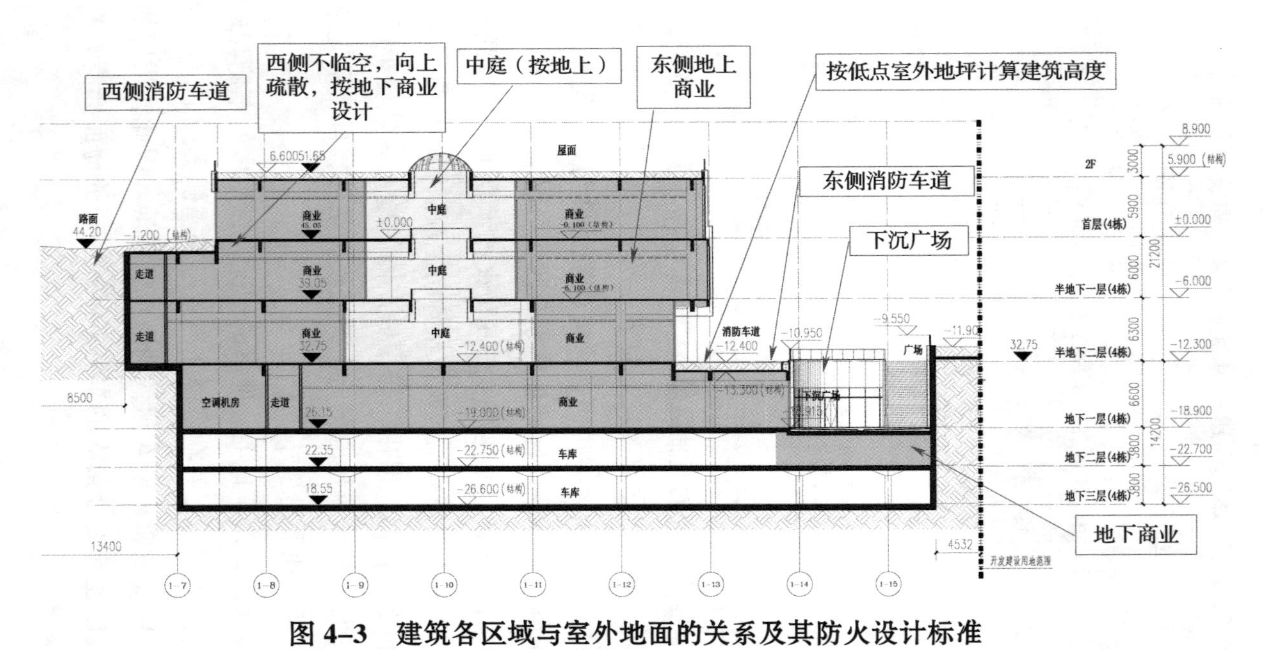

图 4-3　建筑各区域与室外地面的关系及其防火设计标准

4.1.3　中庭的防火措施

由于在中庭内不允许布置任何可燃物，中庭自身发生火灾的可能性很低或者说不存在火灾发生所需数量的可燃物，在中庭的周围空间内发生火灾，即使与中庭之间的防火分隔失效，也不会导致中庭自身起火，但从着火区域失效的开口处溢出的火势和烟气可能经过中庭蔓延至其他区域。因此，在中庭周围需要采取防火分隔措施与相邻连通区域分隔。当采取防火分隔措施后，中庭和与中庭连通并处于同一空间的回廊将不再划分防火分区，而将中庭的楼地面与各层的中庭回廊作为同一个防火区域考虑。本案例建筑的中庭采取了以下防止火势和烟气通过中庭蔓延的技术措施。

1. 防火分隔

中庭东西两侧商业区域相对面之间的水平距离较大，最小宽度约为 11.6m，最大宽度约为 30.5m；中庭开口周围具有较宽的回廊，回廊最窄处的宽度为 4.1m，见图 4–4。因此，中庭本身起到了类似防火隔离空间的作用，能够较好地阻止火势蔓延。在这种情况下，中庭与其周围连通区域之间的防火分隔主要为阻止在中庭周围商业区域内发生火灾后产生的高温烟气通过中庭快速蔓延，并导致火灾蔓延和危及人员疏散的安全。

（1）在工程上，经济的做法是直接在中庭的开口边沿周围采取防火分隔措施，这样可以将中庭划分为一个自身火灾危险性较低的独立防火空间。对于本案例建筑的中

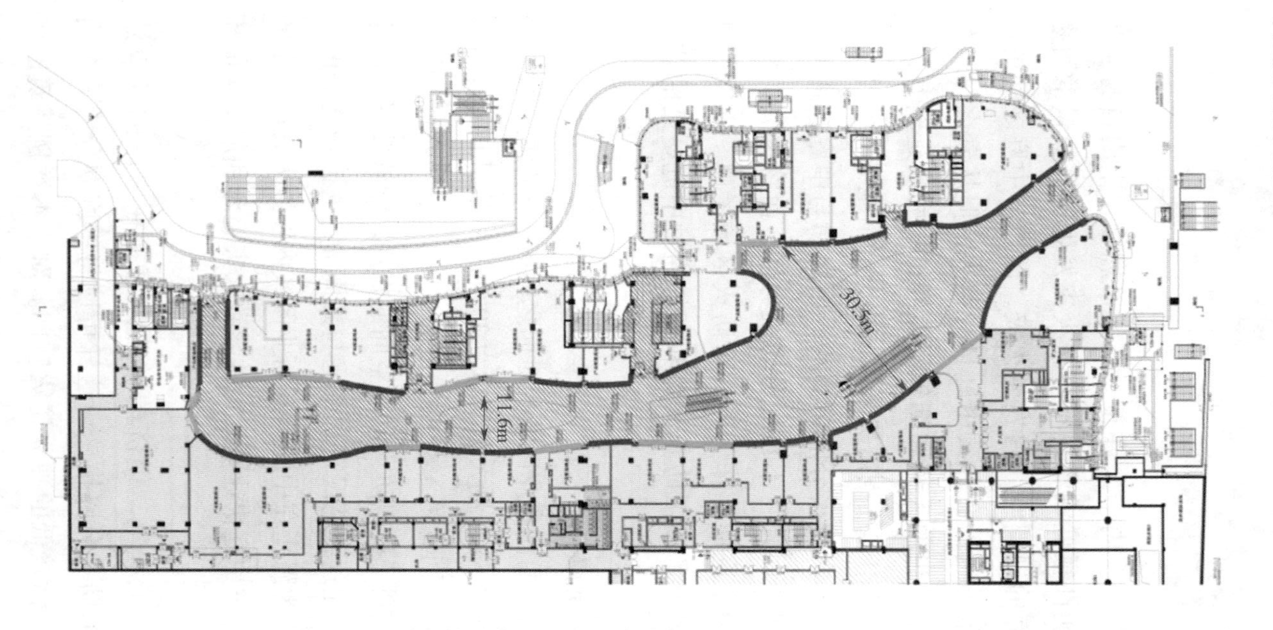

图 4-4　本案例建筑的中庭宽度示意图

庭，由于具有大小不一致且多为弧线形的开口，在开口边沿周围设置固定的防火隔墙或增设构造柱以设置防火卷帘，都会对建筑的实际使用功能产生较大影响。在设计中，实际是在中庭回廊与周围商业区域的连通处进行防火分隔。由于这些位置是建筑内不同防火分区的防火分隔处，也是中庭与其周围连通区域之间的防火分隔位置，因此这些防火分隔的要求应与防火分区之间的分隔要求等效，主要应采用防火墙等进行分隔。

但是，中庭与其周围连通区域之间的防火分隔部位与建筑中相邻防火分区之间的防火分隔处又有所不同。通常，相邻防火分区之间的分隔是基于防火分隔处两侧均具有可燃物，防火分隔部位任意一侧的可燃物均具有直接受到高温辐射作用而引发火灾蔓延的危险性，火灾延续时间按照国家标准要求均不小于 3.00h。但是，本案例的中庭内和回廊上均不允许存在可燃物，在回廊与周围连通区域的防火分隔处只有面向商业区域的一侧直接受到火势作用，面向中庭一侧则因中庭的开口而形成了一个宽度较大的间隔空间。该间隔空间能大大降低着火区产生的辐射热对相对面防火分区内可燃物的热作用。利用火灾科学的辐射热计算公式（4–1）、公式（4–2）和火灾数值模拟分析工具进行分析计算，其结果表明，随着与火源距离的增加，辐射热通量迅速下降，当水平距离增加到一定长度时，辐射热通量的下降趋势将变缓；商铺的火灾热释放速率越大，与火源相同距离处的辐射热通量越大。当商铺与中庭之间设置防火分隔且只开启门（门尺寸 1.8m × 2.1m）时，对于建筑面积为 300m^2 的商铺，水平距离火源大于7m处的辐射热通量小于10kW/m²；对于建筑面积为400m²的商铺，水平距离火源大于8m处的辐射热通量小于10kW/m²。当商铺与中庭之间无防火分隔或防火分隔失效时，商铺面向中庭的开口较大。此时，对于建筑面积为200m²的商铺，水平距离火源大于8m处的辐射热通量仍小于10kW/m²。相关计算结果见图4–5和图4–6。用于计算的商铺建筑面积及其与中庭的分隔情况汇总，见表4–2。

表4–2 用于计算的商铺建筑面积及其与中庭的分隔情况汇总表

序号	商铺建筑面积/m²	商铺与中庭的分隔	火灾增长系数/（kW/s²）	最大热释放速率/MW
1	100	有分隔，门开启	0.046 89	6.8
2	200			13.6
3	300			16.9
4	400			20.2
5	100	无分隔或分隔失效		15.1
6	200			20.0

理论上，有了这种间隔空间，可以不在回廊或中庭与连通的商业区域之间设置防火分隔设施，但被动防火仍需要考虑热对流作用以及火势在不受控制发展过程中导致热烟气温度达到轰燃或引燃可燃物的温度，或导致着火区的相邻区域着火而引发更严重火灾的情形，因而仍需从确保安全出发采取必要的防火分隔措施。

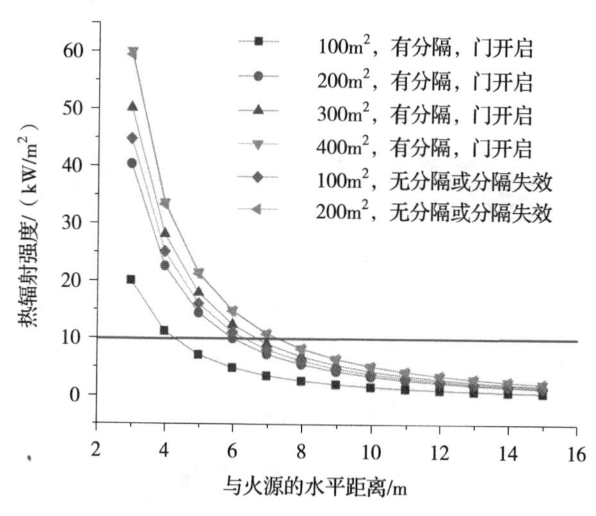

图 4–5　采用公式法计算出的不同面积商铺火灾的辐射热通量随水平距离的变化

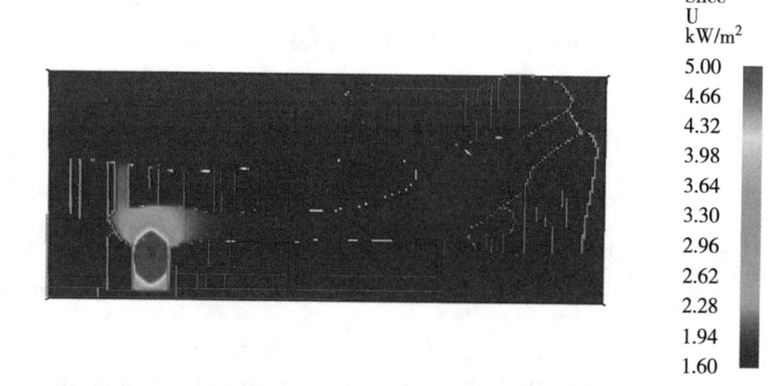

（a）距火源2m高度处的辐射热通量分布云图

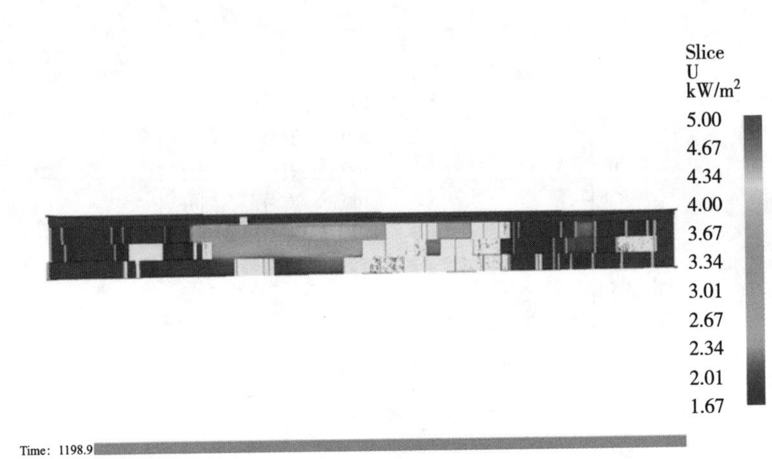

（b）距离火源12m处的辐射热通量分布云图

图 4–6　建筑半地下二层商铺着火的辐射热通量计算结果

由于在本案例的中庭内不允许布置可燃物，火势无法通过延烧蔓延至对面防火分区，因此在中庭回廊与周围连通的商业区域之间，防火分隔可以采用耐火极限不低于 1.00h 的防火隔墙、同等耐火性能的 A 类防火玻璃墙、设置防火冷却水系统保护的 C 类防火玻璃墙、耐火极限不低于 3.00h 的防火卷帘。这种分隔主要用于阻挡火势和热、烟气蔓延出着火区域，可以不考虑其热辐射对防火分隔另一侧的作用。考虑到防火卷帘实际应用中的可靠性，当采用防火卷帘时，只允许设置在中庭两侧商铺相对面水平间距大于 13m 的部位。

在一个空间中，距离火源中心为 R 处接收到的辐射热通量和火源热释放速率的关系可以采用公式（2–1）表达，邻近可燃物与火源中心的水平距离 R 可以采用公式（2–2）

计算。

（2）由于本案例中庭西侧半地下二层和半地下一层的商业区域水平距离东侧外墙 22~58m，消防救援人员除直接从首层的楼梯和消防电梯进入外，如从东侧进入建筑，必须经过中庭才能到达西侧区域，因此有必要适当提高西侧中庭周围防火分隔部位的耐火性能。在本案例的建筑中，采用了耐火极限不低于 2.00h 的防火隔墙、防火玻璃隔墙。对于建筑面积较大的防火分区，主要采用防火隔墙和甲级防火门，而未采用防火卷帘分隔。

（3）在本案例建筑的中庭内不允许布置可燃物，内部装修装饰主要采用不燃性材料，严格控制了难燃和可燃装修材料的使用。由于地下一层、地下二层的商业区域为一个总建筑面积不超过 20 000m^2 的区域，因此在地下一层通向上部中庭的自动扶梯开口处采用耐火极限不低于 3.00h 的防火隔墙分隔，人员出入口部位设置耐火极限不低于 3.00h 的防火卷帘。

有关火灾的持续时间分析。火灾的持续时间分别按照国家标准《高层民用建筑设计防火规范》GB 50045—95（2005 年版）第 3.0.7 条条文说明给出的室内火灾荷载密度与燃烧持续时间的关系表（见表 4-3）和按照《火灾风险评估方法学》[1] 给出的房间火持续时间经验公式计算。

根据国家标准《高层民用建筑设计防火规范》GB 50045—

① 范维澄，孙金华，陆守香，等. 火灾风险评估方法学［M］. 北京：科学出版社，2015.

95（2005年版）给出的方法，在知道了火灾荷载密度后，按照表4–3采用线性插值的方法即可以求得不同火灾荷载密度下相当标准时间—温度曲线的火灾持续时间。表4–4为根据表4–3给出的数值计算得到的中庭两侧商铺火灾的可能持续时间。当在燃烧过程中供氧充足、可燃物充分燃烧的情况下，商铺火灾全盛期的持续时间基本在1h以内。

根据《火灾风险评估方法学》给出的方法，可以采用经验公式（4–3）进行估算。

表4–3　火灾荷载密度与燃烧持续时间的关系

可燃物数量（Lb/ft^2）/（kg/m^2）	热量 /（BTU/ft^2）	燃烧时间相当标准温度曲线的时间 /h
5（24）	40 000	0.50
10（49）	80 000	1.00
15（73）	120 000	1.50
20（98）	160 000	2.00
30（147）	240 000	3.00
40（195）	320 000	4.50
50（244）	380 000	7.00
60（293）	432 000	8.00
70（342）	500 000	9.00

注：1BTU（英制热量单位）=252cal。

表 4–4　中庭两侧商铺内火灾的可能持续时间计算结果

商店类型	商铺的建筑面积 / m^2	火灾荷载密度范围 / （MJ/m^2）	火灾持续时间 / h
服装店	43~425	142~742	0.17~0.86
餐饮店	15~711	84~541	0.10~0.63
鞋店	70~106	211~420	0.24~0.49
包店	61~128	153~230	0.18~0.27
饰品玩具店	55~96	126~265	0.15~0.28
童装店	70~117	251~447	0.29~0.52
化妆品店	165~209	362~547	0.42~0.63
首饰店	80~156	112~167	0.13~0.19

$$t=\frac{W}{m_b}=\frac{A_f w}{0.092A\sqrt{H}} \tag{4-3}$$

式中：t——火灾全盛期的持续时间（s）；

W——可燃物的总质量（kg）；

w——单位面积可燃物质量（kg/m^2）；

A_f——地面净面积（m^2）；

m_b——可燃物在火灾全盛期的质量燃烧速率（kg/s）；

A——着火房间的开口面积（m^2）；

H——着火房间的开口高度（m）。

根据典型商店建筑内商铺房间门的设置情况，建筑面积不大于 $100m^2$ 的商铺设置 1 个 1.8m × 2.1m 的门，建筑面积大于 $100m^2$ 的商铺设置 2 个 1.8m × 2.1m 的门。采用公式（4–3）

可计算得到不同建筑面积商铺的火灾持续时间，见表4–5。可见，当商铺的建筑面积不大于300m^{2}时，火灾全盛期的燃烧时间基本在2h以内；建筑面积大于300m^{2}的服装店、鞋店、化妆品店等的火灾持续时间将大于2h。

表4–5　不同建筑面积商铺火灾的可能持续时间

商店类型	80%分位值时的火灾荷载密度/（MJ/m^2）	每间商铺火灾全盛期的持续时间/h			
		100m^{2}商铺	200m^{2}商铺	300m^{2}商铺	400m^{2}商铺
服装店	472	1.3	1.3	2.0	2.6
餐饮店	307	0.8	0.8	1.3	1.7
鞋店	369	1.0	1.0	1.5	2.0
箱包店	224	0.7	0.7	0.9	1.2
饰品玩具店	229	0.7	0.7	0.9	1.2
童装店	383	1.0	1.0	1.6	2.1
化妆品店	467	1.3	1.3	2.0	2.6
首饰店	152	0.5	0.5	0.7	0.8

需要注意的是，表4–4和表4–5中的时间均基于供氧充分、可燃物足够的计算结果。但实际火场条件往往表现为供氧不足的不充分燃烧，因而火灾持续时间往往比上述计算获得的时间长。

2. 人员疏散

（1）中庭西侧半地下二层与半地下一层之间的疏散楼梯

采用防烟楼梯间；中庭东侧面向室外，各层的疏散楼梯采用封闭楼梯间。

（2）中庭东侧和西侧的商业区域均不经过中庭进行疏散。

（3）中庭本身按照相应层数商店建筑的人员密度确定其疏散宽度、疏散距离和疏散楼梯。中庭的疏散楼梯间与相邻其他防火分区的疏散楼梯间共用。

（4）在中庭及其疏散通道的地面上设置能保持视觉连续的灯光疏散指示标志，间距不大于 3m；疏散照明的地面最低水平照度值不低于 10 lx，备用电源的持续供电时间不小于 1.5h。

3. 消防设施

（1）在中庭的回廊上设置自动喷水灭火系统和火灾自动报警系统，沿中庭开口周围设置自动跟踪定位射流灭火系统。

（2）在中庭内设置线型光束感烟火灾探测器和红紫外火焰探测器两种类型火灾探测组合的火灾自动报警系统，在中庭的回廊设置点型感烟火灾探测器。

（3）中庭的排烟。中庭的室内空间最高处近 24m，采用机械排烟方式的排烟效果较自然排烟方式更有保证。因此，本中庭设置机械排烟系统，并与中庭内的火灾自动报警系统联动。

在中庭洞口边沿周围设置挡烟垂壁，挡烟垂壁凸出顶棚的深度不小于各层回廊空间净高的 20% 且不小于 500mm；回廊设置机械排烟系统，并按不大于 1 000m^2 划分防烟分区。

由于中庭南北方向长度长，空间容积巨大，设计的排烟系统将中庭分成 2 个排烟分区，在这两个排烟分区相接处的商铺之间设置防火墙，并在中庭的相应位置处设置挡烟垂壁，见图 4–7。每个排烟分区机械排烟系统的排烟量均不小于 $25 \times 10^4 m^3/h$，总排烟量不小于 $50 \times 10^4 m^3/h$。在中庭顶棚上设置开口面积不小于中庭楼地面面积的 5% 并可远程开启的自然排烟排热窗，以进一步保证能够可靠排出中庭内的烟和热。

（4）由于回廊与周围连通区域采取了较严格的防火分隔措施，回廊是与对应的中庭排烟分区采用同一个排烟系统进行机械排烟，未设置单独的机械排烟系统。回廊周围设置挡烟垂壁，挡烟垂壁凸出顶棚的深度不小于各层净高的 20% 且不小于 500mm。

4. 中庭机械排烟量的计算过程

在火灾发展过程中，只要排烟量等于产烟量，烟气层就会保持在一个相对稳定的高度，不会继续下降。只有烟气层保持在一定高度以上，才能给人员疏散提供一个安全的环境。假定排烟量等于火源的体积产烟量 V，在一定的建筑空间和火灾规模条件下，产烟量将主要取决于羽流的质量流量。火灾发生在中庭及其周围的不同位置会形成轴对称型烟羽流、阳台溢出型羽流和窗口型羽流等不同形状的羽流。进入本案例建筑中庭的烟气主要来自中庭周围与中庭连通的商铺火灾溢出的烟气，属于阳台溢出型烟羽流。其烟羽流质量流量可采用公式（3–17）计算，烟气层的平均温度可采用公式（3–40）计算，中庭的排烟量可采用公式（3–41）计算。

本案例建筑内全部设置自动喷水灭火系统。当自动喷水灭火系统有效作用时，火灾的热释放速率可以简化为达到自动喷水灭火系统动作时的数值作为峰值，在此后不再增

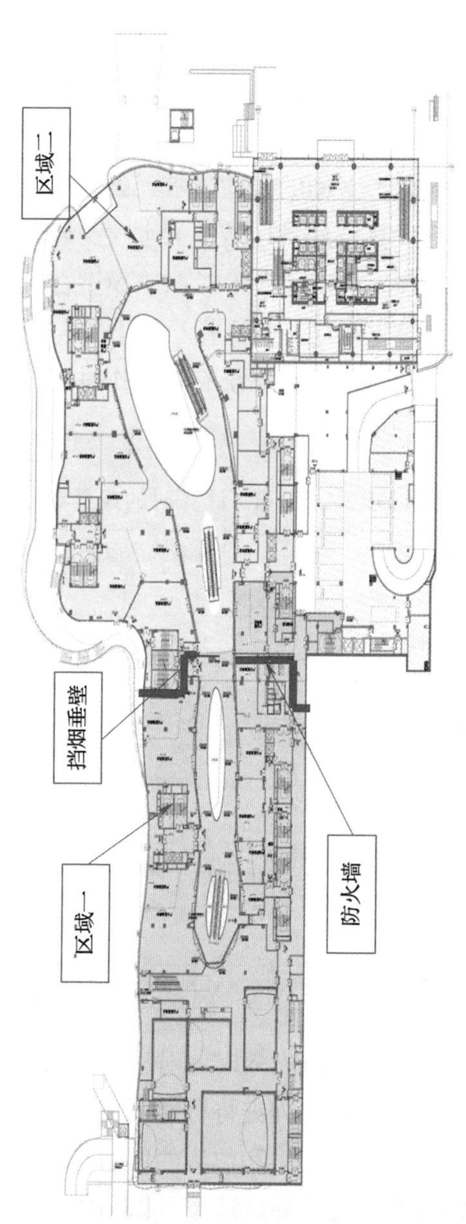

图 4-7　排烟分区一与排烟分区二之间的防火墙和挡烟垂壁设置示意图

长，并在维持一定时间后逐渐衰减。因此，火源的增长时间可近似取自动喷水灭火系统洒水喷头动作的时间。喷头启动时间与喷头参数、喷头安装高度、火源增长速率有关，表 4–6 给出了根据本案例的自动喷水灭火系统设置情况，利用 DETACT 程序计算得到各区域的洒水喷头启动时间和启动时的火源热释放速率。考虑到 DETACT 模型在计算时进行了一些简化和假设，在确定火灾的最大热释放速率时考虑了 1.5 倍的系数，将自动喷水灭火系统有效动作时火灾的最大热释放速率确定为 1 300kW。

表 4–6　利用 DETACT–T2 计算时的条件和计算结果

计算参数	着火区域——半地下二层的商铺
顶棚高度 /m	4
洒水喷头的时间响应指数 / [（m·s）$^{1/2}$]	50
洒水喷头的动作温度 /℃	68
洒水喷头与火源中轴线的距离 /m	2.5
环境温度 /℃	24
火灾初期的发展规律 /（kW/s^2）	α=0.046 89
自动喷水灭火系统的启动时间 /s	137
自动喷水灭火系统启动时的火灾热释放速率 /kW	880
考虑 1.5 倍系数后的火灾热释放速率 /kW	1 300

当自动喷水灭火系统失效时，对于商铺与中庭进行了有效防火分隔的受限空间，火灾将可能发生轰燃，轰燃时的火灾热释放速率受通风口大小和位置的影响，表现为通风控制型燃烧。轰燃后的火灾热释放速率可以利用托马斯轰燃公式

计算，即公式（2–4）。

根据公式（2–4）可算出建筑面积分别为 100m²、200m²、300m²、400m² 的商铺发生轰燃时的火灾热释放速率，考虑 1.5 倍的系数后分别为 6.8MW、13.6MW、16.9MW、20.2MW。在建筑发生火灾后，将接警时间和消防救援人员到场时间按照 10min 计算，则此时商铺的火灾最大热释放速率约为 16.9MW。综合考虑火灾轰燃后的热释放速率和商铺的面积，将火灾在自动喷水灭火系统失效时的最大热释放速率确定为 16.9MW。

因此，计算本案例建筑的中庭排烟量时，考虑半地下二层商铺着火，且有两扇 1.8m × 2.1m 的门未正常关闭导致烟气蔓延至中庭的不利情况，火灾的最大热释放速率在自动喷水灭火系统有效时为 1 300kW，失效时为 16 900kW。根据设计文件，取 H_1=4m，Z_b=10m，w=3.6m，b=4m（图 4–8），利用第 3 章的公式即可以计算得到中庭所需机械排烟量，见表 4–7。

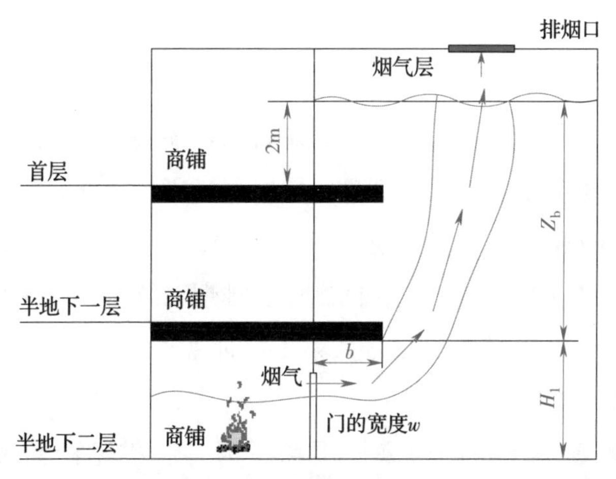

图 4–8　中庭排烟量计算空间的烟羽流运动示意图

表 4–7　中庭排烟量的计算

计算参数	着火区——半地下二层商铺	
	自动喷水灭火系统有效	自动喷水灭火系统失效
火灾的热释放速率 Q/kW	1 300	16 900
火源至半地下一层中庭回廊下缘的高度 H_1/m	4	4
半地下一层中庭回廊下缘至烟气层下缘的高度 Z_b/m	10	10
着火商铺门的开口宽度 w/m	3.6	3.6
商铺门与中庭回廊边沿的距离 b/m	4	4
烟羽流的扩散宽度 W/m	7.6	7.6
排烟量计算值 V/（m^3/h）	50.0×10^4	126.7×10^4

根据国家标准《建筑防烟排烟系统技术标准》GB 51251—2017 第 4.6.5 条的规定，当中庭周围场所设置排烟系统时，中庭机械排烟系统的排烟量应按周围场所防烟分区中最大排烟量的 2 倍计算，且不应小于 $10.7 \times 10^4 m^3/h$；当中庭周围场所不设置排烟系统，仅在回廊设置排烟系统时，回廊的排烟量不应小于该规范第 4.6.3 条第 3 款的规定，中庭的排烟量不应小于 $4.0 \times 10^4 m^3/h$。

本案例建筑的中庭周围场所为各种类型的商铺，在商铺内设置机械排烟系统，每个防烟分区的最大排烟量为

15 000m^3/h。根据上述规定，中庭机械排烟系统的排烟量不应小于 10.7 × 10^{4}m^3/h。但是，由于国家标准《建筑防烟排烟系统技术标准》GB 51251—2017 第 4.6.5 条规定的中庭机械排烟量大小只与周围场所的排烟量大小有关，与中庭本身的容积大小无关。而本案例建筑中庭的容积巨大，整个中庭区域采用 10.7 × 10^{4}m^3/h 的排烟量不能满足实际排烟需要。根据采用公式计算的结果也可知，当自动喷水灭火系统有效时，中庭所需排烟量的计算值为 50.0 × 10^{4}m^3/h，约是国家标准规定值的 4.7 倍；当自动喷水灭火系统失效时，中庭所需排烟量的计算值为 126.7 × 10^{4}m^3/h，约是国家标准规定值的 11.8 倍。

由此可以看出，当自动喷水灭火系统失效时，中庭所需排烟量的计算值远大于国家标准规定值。因此，针对偶发的建筑火灾，需要综合考虑工程的实施性和经济性合理确定中庭机械排烟系统的排烟量。考虑到本案例的中庭与周围商铺之间均设置了防火分隔，商铺内的人员通过商铺后走道疏散，无需经过中庭疏散；中庭内设置有专用的疏散楼梯和疏散通道供中庭各层回廊内的人员疏散，人员在火灾烟气危及安全前疏散至安全区即可，无需保证中庭及回廊上的烟气层始终维持在最上层回廊的清晰高度以上。为此，本案例中庭的排烟量可以按自动喷水灭火系统有效时所需排烟量考虑，即中庭的总排烟量不应小于 50 × 10^{4}m^3/h，并通过烟气蔓延的场模拟和人员疏散模拟校核在自动喷水灭火系统失效时，该排烟量是否能够满足人员安全疏散的要求。经采用 FDS 软件全尺寸建模的烟气模拟计算结果表明，自动喷水灭火系统失效、机械排烟系统有效时，最上层中庭回廊上人员的可用疏散时间最短为434s；使用PathFinder软件计算得出最上层中庭回廊的人员必需疏散时间为353s。这表明，中庭内的人员可以在影响疏散安全的危险环境形成前全部疏散至安全区。因此，可以认为在自动喷水灭火系统和排烟系统均有效时，该排烟量可以保证人员安全疏散。

4.1.4 与中庭相关的半地下商业区域的防火分隔

由于中庭西侧半地下一层、半地下二层中商业区域的人员需通过疏散楼梯向上疏散至首层再到达室外地面，其防火分区、安全疏散和消防设施是按照地下建筑的相关防火要求确定的。这些区域的消防救援可以通过自身的疏散楼梯、中庭东侧和南侧外墙上的出入口进入。当这些区域内的机械排烟系统失效时，中庭西侧商业区域内发生火灾时还可以利用中庭顶部的自然排烟口实施排烟和排热。因此，这些区域的排烟、疏散和消防救援条件总体上较常规的地下建筑有利。在中庭西侧半地下二层、半地下一层的商业区域按照地下建筑的要求划分防火分区、设置安全疏散设施和消防设施的基础上，本案例建筑采取了以下防火分隔措施，以进一步提高中庭的消防安全性能，见图4-9。

（1）在中庭西侧半地下楼层的商业区域中，控制每个面向中庭的商铺的建筑面积不大于300m^2。

（2）中庭回廊与每个商铺之间采用耐火极限不低于2.00h的防火隔墙、耐火完整性不低于2.00h的C类防火玻璃墙和喷水持续时间不小于2.00h的防护冷却水系统分隔；仅在中

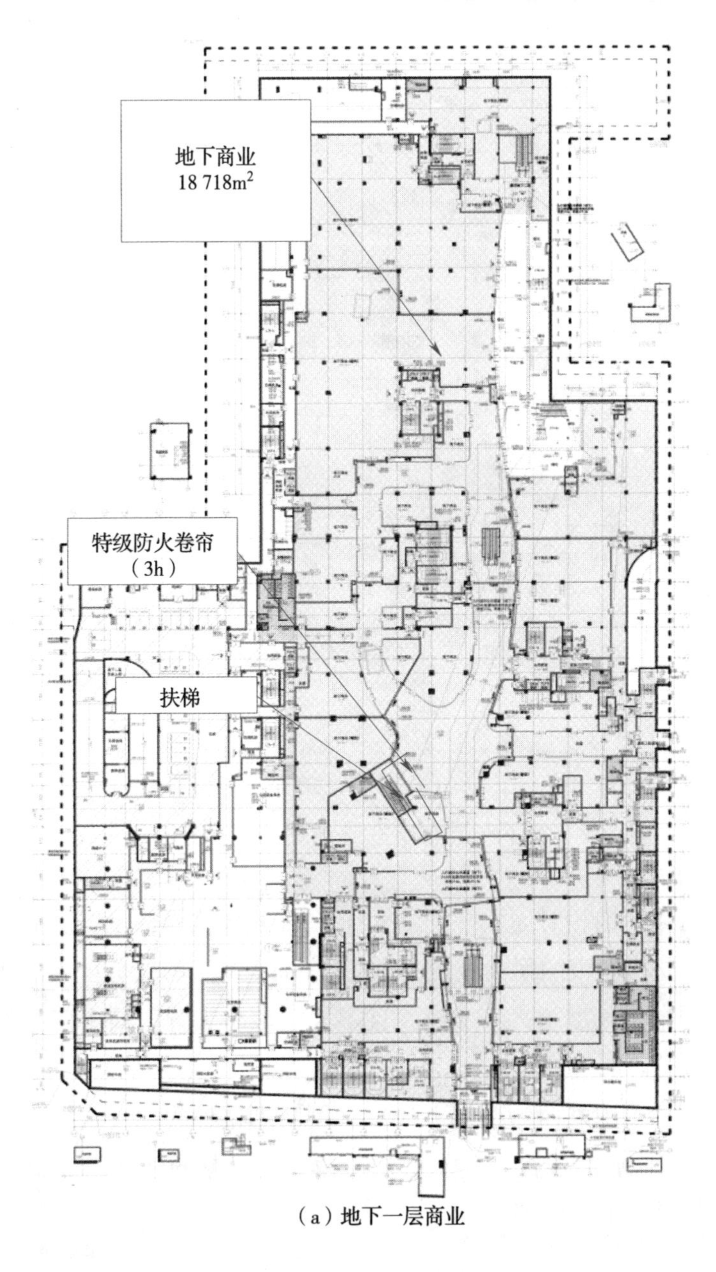

（a）地下一层商业

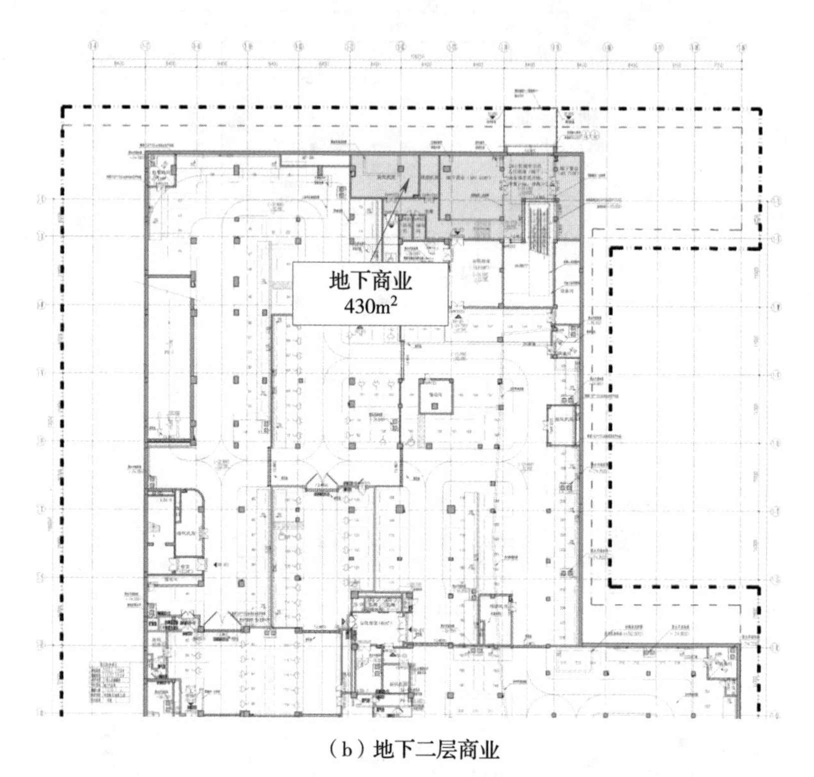

（b）地下二层商业

图 4–9　地下一层与中庭连通处的防火分隔示意图

庭两侧商铺相对面水平间隔大于 13m 的部位局部设置防火卷帘，防火卷帘的耐火极限不低于 3.00h，每个防火分区中的防火卷帘总长度不大于 20m，且不大于该防火分区与中庭之间防火分隔长度的 1/3。

（3）中庭西侧半地下楼层采用防烟楼梯间和耐火极限不低于 2.00h 的楼板与地下一层分隔，且在楼板上不开设除疏散楼梯外的其他连通口。

（4）在地下一层通向上部中庭的自动扶梯开口处，采用耐火极限不低于3.00h的防火隔墙分隔，人员出入口部位设置耐火极限不低于3.00h的防火卷帘。

4.2　案例二　某办公建筑高大中庭

4.2.1　建筑的基本情况

某研发办公建筑，地上12层，地下3层，地上建筑面积$5.5 \times 10^4 m^2$，建筑高度60m，属于一类高层民用建筑，耐火等级一级。

在建筑的地上楼层中设置一个巨大的异型中庭，在中庭周围设置办公、研发、中试、会议、接待等功能区域。中庭自首层大堂通至屋面，中庭的横截面尺寸逐层变化，东西两个侧边向上逐层向内缩进，北侧向上逐层后退；在第二层至第十二层设置回廊，回廊的宽度约为3.0m，见图4–10和图4–11。中庭地面及其连通的各层回廊地面的总建筑面积为3 300m^2，其中，中庭地面的建筑面积为2 030m^2，各层回廊中第二层的地面建筑面积最大，约为200m^2，至第十二层后，回廊的地面建筑面积缩减为不足20m^2。中庭在第十层设置连廊，连廊位于中庭空间内，连廊两侧与办公区连接处采用防火玻璃墙和甲级防火门分隔。

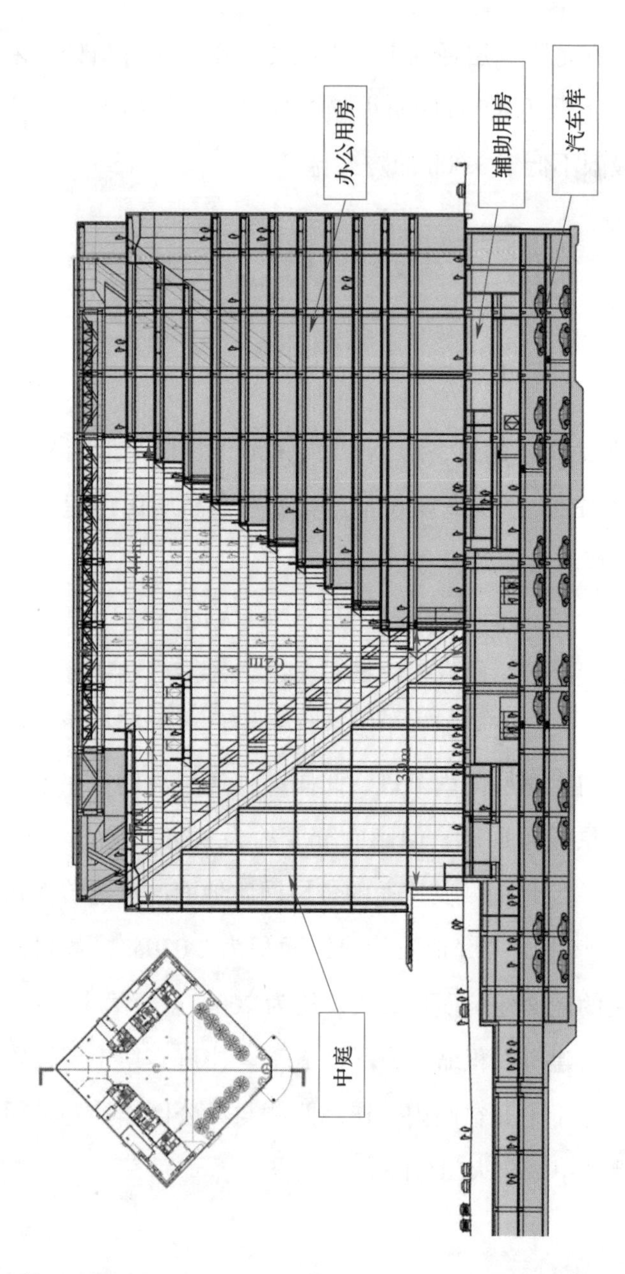

图 4-10 本案例中庭部位的剖面图（一）

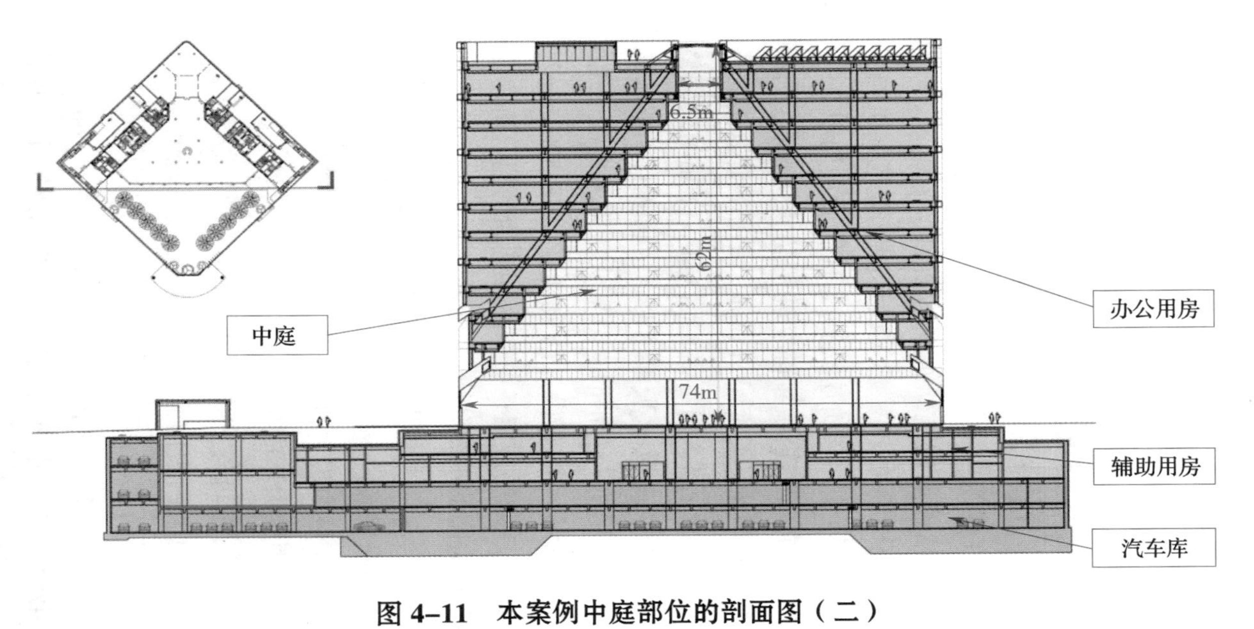

图 4-11　本案例中庭部位的剖面图（二）

4.2.2 建筑的设防原则

1. 中庭

本中庭原则上按照国家标准《建筑设计防火规范》GB 50016—2014（2018 版）第 5.3.2 条的相关要求采取防火措施。即在建筑内设置中庭时，其防火分区的建筑面积应按上、下层相连通的建筑面积叠加计算；当叠加计算后的建筑面积大于国家标准《建筑设计防火规范》GB 50016—2014（2018 版）第 5.3.1 条的规定时，应符合下列规定：

（1）与周围连通空间应进行防火分隔：采用防火隔墙时，其耐火极限不应低于 1.00h；采用防火玻璃墙时，其耐火隔热性和耐火完整性不应低于 1.00h，采用耐火完整性不低于 1.00h 的非隔热性防火玻璃墙时，应设置自动喷水灭火系统进行保护；采用防火卷帘时，其耐火极限不应低于 3.00h，并应符合国家标准《建筑设计防火规范》GB 50016—2014（2018 版）第 6.5.3 条的规定；与中庭相连通的门、窗，应采用火灾时能自行关闭的甲级防火门、窗；

（2）高层建筑内的中庭回廊应设置自动喷水灭火系统和火灾自动报警系统；

（3）中庭应设置排烟设施；

（4）中庭内不应布置可燃物。

本案例建筑的中庭空间形态复杂，横截面尺寸逐层变化，东西两个侧边向上逐层向内缩进，北侧向上逐层后退，中庭的空间高度高达 62m。中庭首层东西向宽度为 74m，向上逐层减小至 6.5m；南北向宽度，首层为 39m，北侧逐层后退至第十一层南北向的宽度达到 71m，第十二层南部减小，屋顶处南北向宽度为 44m。由于中庭的空间高度高且空间形态复杂，因此根据国家标准《建筑防烟排烟系统技术标准》GB 51251—2017 有关中庭及其周围区域的火灾危险源的考虑，本案例对中庭内的排烟系统在中庭内部及中庭周围区域发生火灾时的作用效果进行分析。

2. 中庭外的其他区域

在中庭外的其他区域，其防火要求均按照国家标准《建筑设计防火规范》GB 50016—2014（2018 版）规定的一类高层民用建筑确定。

4.2.3　中庭的防火措施

在本案例中，不允许在中庭内布置任何可燃物，中庭自身发生火灾的可能性很低或者说不存在火灾发生所需数量的可燃物。在中庭周围的区域发生火灾，即使防火分隔失效也不会导致中庭自身起火，但从着火区域失效的开口处溢出的火势和烟气可能经过中庭蔓延至其他区域。因此，在中庭周围需要采取防火分隔措施与相邻连通区域分隔。当采取防火分隔措施后，中庭和与中庭连通并处于同一空间的回廊不再划分防火分区，将中庭与各层回廊作为同一个防火区域考虑。

本案例建筑的中庭采取了以下防止火势和烟气通过中庭蔓延的技术措施。

1. 防火分隔

中庭东西两侧办公区域相对面之间的水平距离较大，最小宽度约为 6.5m，最大宽度约为 67m；中庭开口北侧具有较宽的阳台，宽度为 3.0m。因此，中庭本身起到了类似防火隔离空间的作用，能够较好地阻止火势水平蔓延。在这种情况下，中庭与其周围连通区域之间的防火分隔主要为阻止上、下楼层办公区域发生火灾后产生的高温烟气通过中庭向上或向下快速蔓延，并导致火灾蔓延，危及人员疏散的安全，增加灭火救援难度。

在工程上，经济的做法是直接在中庭的开口周围采取防火分隔措施，这样可以将中庭划分为一个自身火灾危险性较低的独立防火空间。根据国家标准《建筑设计防火规范》GB 50016—2014（2018 年版）第 5.3.2 条的规定，本案例建筑的中庭，首层采用耐火极限不低于 1.00h 的防火隔墙、耐火极限不低于 3.00h 的防火卷帘、甲级防火门与其他部位分隔，见图 4–12。

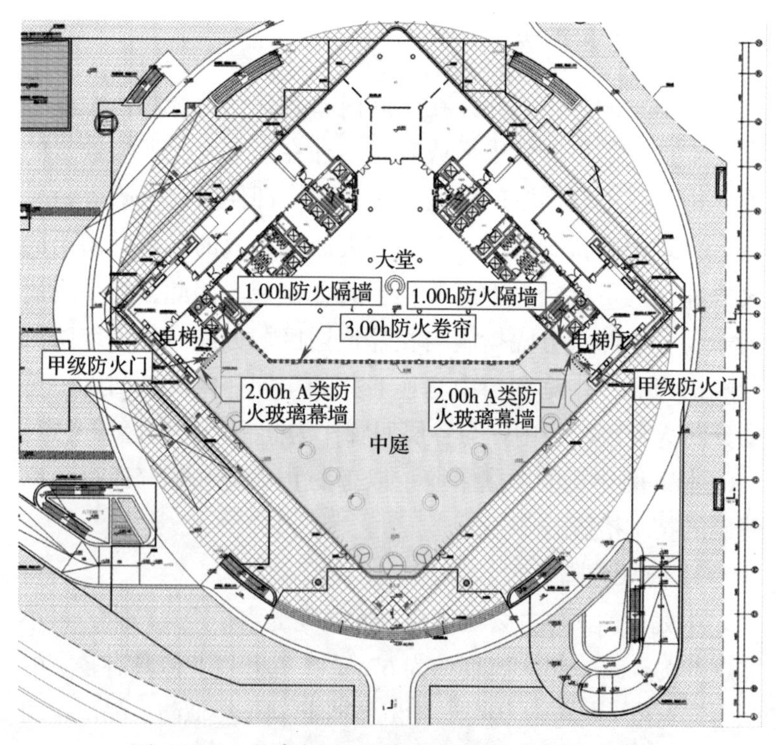

图 4–12　本案例中庭首层的防火分隔示意图

但是，在着火层的上部楼层需要结合建筑特征、中庭的开口形状及其周围连通情况采取防火技术措施：

（1）在第二层至第十二层办公区域正对中庭处设置回廊，这一方面在设计理念上使得回廊成为对中庭开放的公共空间，另一方面在楼层随中庭空间高度升高逐层后退的部分导致回廊上方没有楼板。因此，中庭与其周围各层办公区域之间的防火分隔，设置在回廊内侧。该防火分隔采用耐火完整性不低于 1.00h 的非隔热性防火玻璃墙和甲级防火门与其他部位分隔，防火玻璃墙设置自动喷水灭火系统保护，见图 4–13。在本案例中，回廊将作为中庭防火分隔区域内

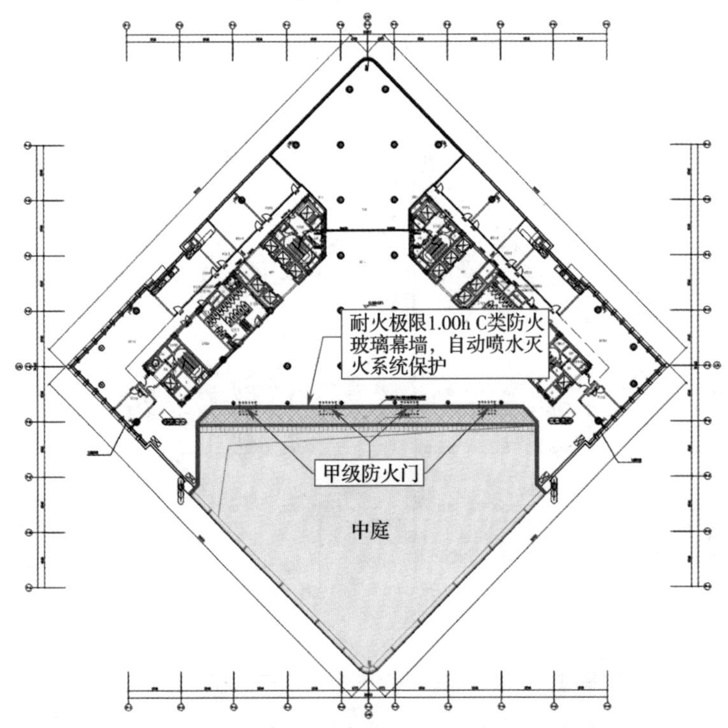

图 4–13　本案例中庭第三层的防火分隔示意图

的一部分，应同时符合现行国家标准《建筑设计防火规范》GB 50016—2014（2018 年版）第 5.3.2 条有关不允许在中庭内布置任何可燃物的规定。

（2）在建筑的第十层中庭上方设置连桥连接中庭开口两侧的楼层，在连桥的两端与楼层上办公区域的连通处采用耐火完整性不低于 1.00h 的非隔热性防火玻璃墙和甲级防火门分隔，防火玻璃墙设置自动喷水灭火系统保护，在连桥内不允许布置任何可燃物，见图 4–14。

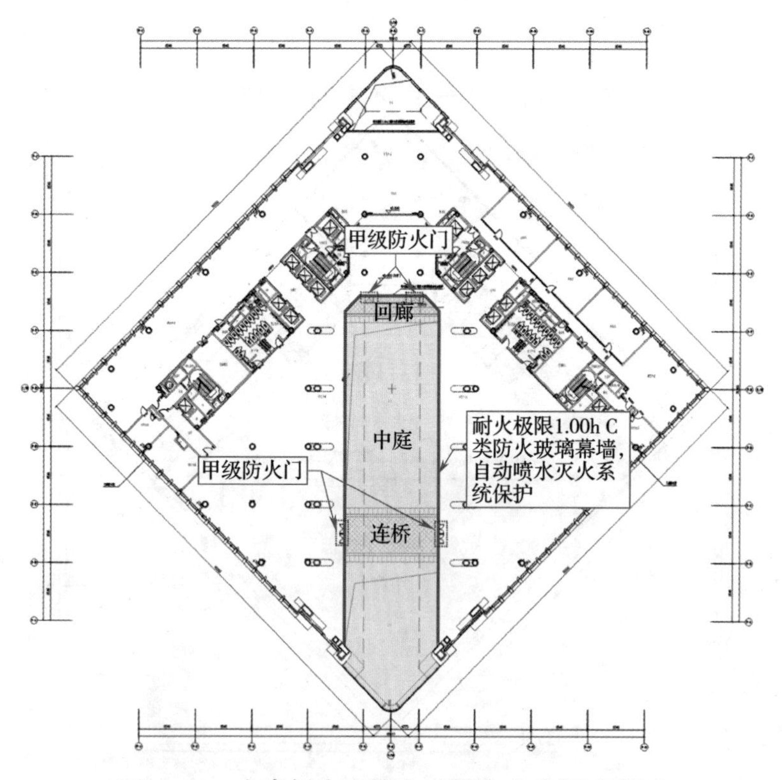

图 4–14　本案例中庭第十层的防火分隔示意图

2. 人员疏散

本建筑为一类高层民用建筑，建筑中各层的疏散楼梯为防烟楼梯间。除中庭外，中庭周围各层的办公区域均按照现行国家相关标准的规定设置安全出口，每层设置 4 组核心筒。

（1）中庭周围的回廊区域为特殊的区域，主要用于人员休息、交流和交通等，该区域从空间连通特点上属于中庭，与中庭划分在同一个防火分隔区域内。但是，在使用功能上与各层的办公区域具有密切的联系要求，回廊上的疏散人员主要为在各层办公区域内的使用人员。如要求中庭周围的回廊区域设置单独的疏散设施，不仅将增加较大的建设成本，而且考虑到中庭的空间要求，可实施性低。因此，在火灾时，可以考虑中庭周围回廊上的人员与回廊连通的办公区域的人员共同组织疏散。此时，从回廊上任意位置通往本层的安全出口数量、疏散距离等均应符合国家标准《建筑设计防火规范》GB 50016—2014（2018 年版）的规定，在计算各层安全出口和疏散楼梯的疏散总净宽度时，应计入中庭周围回廊上的疏散人数，见图 4–15。

（2）在第十层中庭上方设置的连桥，从空间连通特点上属于中庭，与中庭划分在同一个防火分隔区域内。连桥上的人员疏散策略与中庭周围的回廊类似，在火灾时，连桥上的人员与经连桥连通的楼层上的办公区域内人员共同组织疏散。此时，从连桥上的任意位置通往本层的安全出口数量、疏散距离等均应符合国家标准《建筑设计防火规范》GB 50016—2014（2018 年版）的规定，且在计算本层安全出口

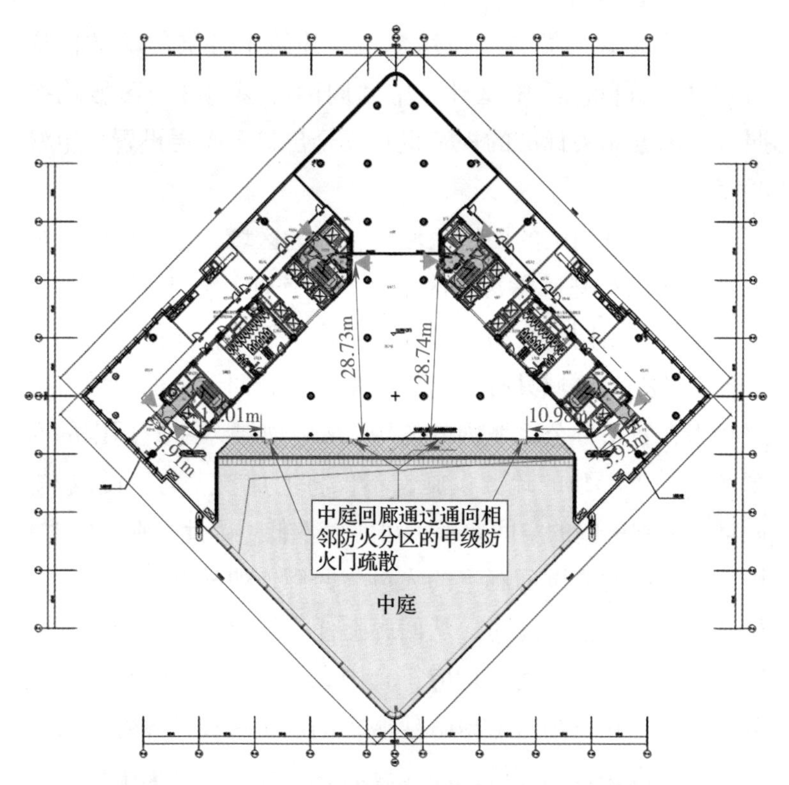

图 4–15　本案例中庭第三层的平面疏散示意图

和疏散楼梯的疏散总净宽度时，应计入连桥上的疏散人数，见图 4–16。

3. 中庭排烟设计

空间高度过高的中庭，一般不建议采用自然排烟方式排烟。因为在自然排烟条件下，烟气的温度会随其上浮高度逐渐降低而失去上升浮力。本建筑的中庭空间高度达到 60m，在确定其排烟方式前，仔细比较了采用自然排烟方式与采用

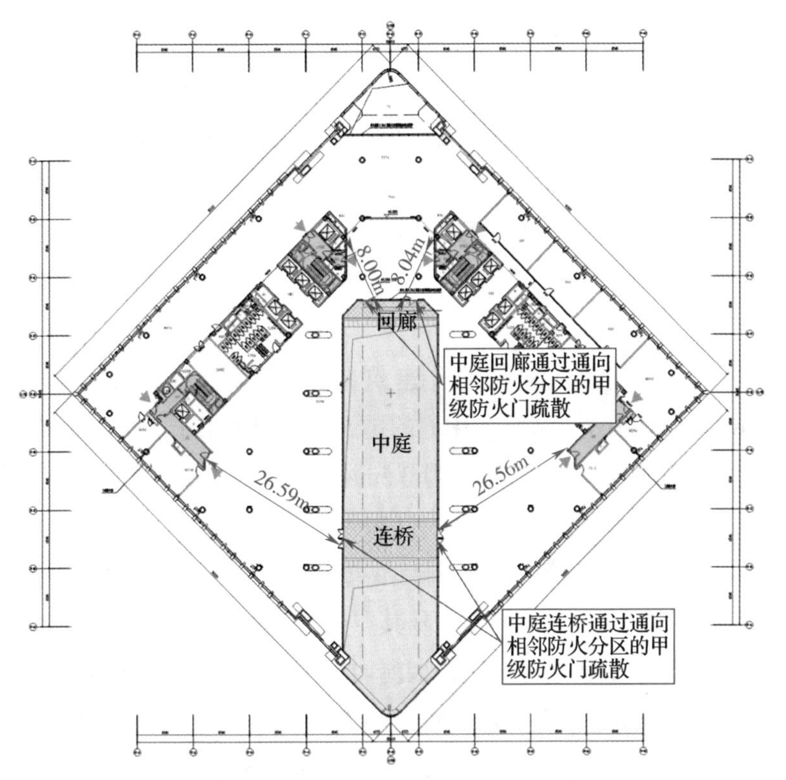

图 4–16　本案例中庭第十层的平面疏散示意图

机械排烟方式的技术方案。但是，由于中庭在各层的横截面形状不规则，排烟管道对办公区域的室内净空高度影响较大，在经过充分的数值模拟分析基础上，设计最后还是选择了自然排烟方式对中庭进行排烟。

为了在数值模拟分析中充分考虑烟气难以到达中庭顶部，影响烟气排烟效果的情况，在确定中庭及其周围区域的设计火灾规模时，同时考虑了可能的最小设计火灾规模和最大设计火灾规模，并取最小设计火灾的热释放速率为1.0MW、最大设计火灾的热释放速率为8.0MW。根据对中庭内烟气的蔓延和自然排烟情况的分析结果，烟气可以上升至中庭顶部，并能够经中庭顶部的自然排烟窗排出；中庭内的清晰高度均不会低于13m，中庭周围回廊上的人员可以通过连通的就近办公区域疏散，中庭的排烟系统设计可以满足中庭及其周围回廊上的人员安全疏散要求。因此，确定本项目中庭的排烟设计方案如下：

（1）根据国家标准《建筑防烟排烟系统技术标准》GB 51251—2017的规定，中庭的排烟量按照不小于$10.7\times10^4m^3/h$设计，按照排烟口的流速为0.5m/s计算，中庭顶部自然排烟窗的有效开口面积要求不小于$60m^2$。

（2）中庭顶部的自然排烟窗要求均匀分布于中庭屋顶两侧。由于中庭横截面的形状随其空间高度不断变化，从建筑的第五层至以上各层，自然排烟窗均设置在防烟分区短边对应外墙的同一高度位置处。在通常环境条件下，火灾产生的烟气将向中庭的上部运动，可以认为本中庭具备自然对流条件。因此，在中庭顶部设置$60m^2$可开启外窗的同时，还在中庭首层的端部最远点各设置$3m^2$的可开启外窗。排烟设计方案，见图4–17。

（3）在中庭自然排烟时，利用中庭首层的对外疏散门作为补风口。根据补风口风速不大于3.0m/s的要求，计算所需补风口的面积为$10m^2$，实际设计的补风口面积不小于$10m^2$。

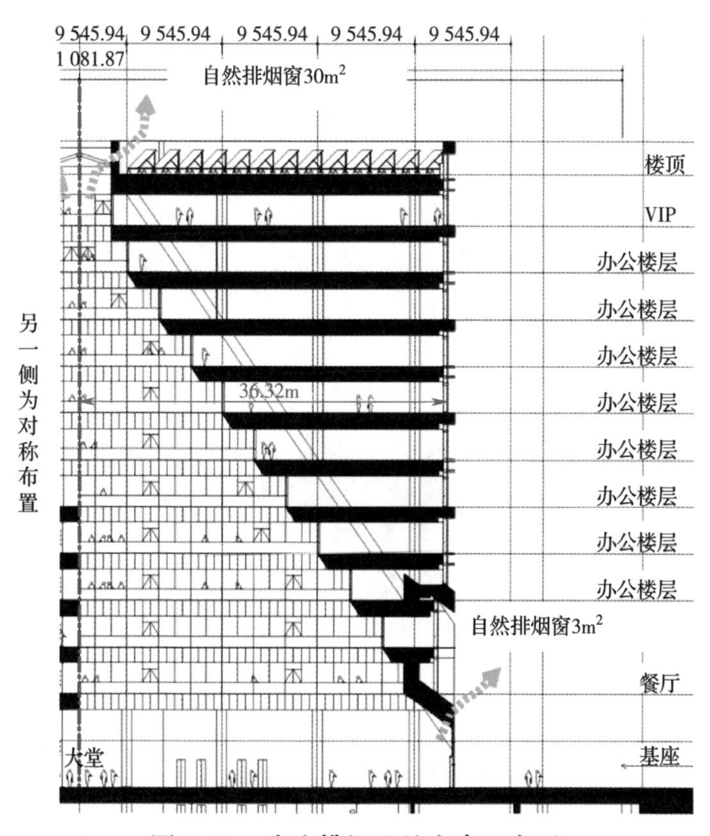

图 4–17　中庭排烟设计方案示意图